U0197694

长江流域水库群科学调度丛书

三峡水库不同运行水位
与库区水面线响应关系

黄 艳 喻 杉 李肖男 赵文焕 纪国良 等 著

科 学 出 版 社

北 京

内 容 简 介

本书聚焦库区防洪调度方向涉及的众多问题，通过大量的现场调研和实测资料，在深入分析三峡库区水面线变化特点和影响因素的基础上，通过改进适用于河道型水库的一维水动力学模型，分析库尾河段的行洪能力变化，提出不同来水组合和调度方式下三峡水库淹没可控的临界水位、流量约束指标及规避库区淹没风险的调度策略，构建库区不同运行水位下的淹没影响信息本底数据库，分析对库区不同河段的淹没影响。书中介绍的内容客观全面，贴近工程实际，便于实际操作应用。

本书适合水旱灾害防御、水库水力学、水库调度等领域的技术、科研人员及政府决策人员参考阅读。

图书在版编目（CIP）数据

三峡水库不同运行水位与库区水面线响应关系/黄艳等著.—北京：科学出版社，2023.11

（长江流域水库群科学调度丛书）

ISBN 978-7-03-076933-6

Ⅰ.① 三… Ⅱ.① 黄… Ⅲ.① 三峡水利工程-汛限水位-动态控制-研究 Ⅳ.①TV697.1

中国国家版本馆 CIP 数据核字（2023）第 213267 号

责任编辑：闫 陶 张 湾/责任校对：高 嵘
责任印制：彭 超/封面设计：无极书装

科 学 出 版 社 出版
北京东黄城根北街 16 号
邮政编码：100717
http://www.sciencep.com
武汉精一佳印刷有限公司印刷
科学出版社发行 各地新华书店经销
*
开本：787×1092 1/16
2023 年 11 月第 一 版 印张：13 1/2
2023 年 11 月第一次印刷 字数：317 000
定价：179.00 元
（如有印装质量问题，我社负责调换）

"长江流域水库群科学调度丛书"

编 委 会

"长江流域水库群科学调度丛书"序

长江是我国第一大河，流域面积达 178.3 万 km^2，截至 2022 年末，长江经济带常住人口数量占全国比重为 43.1%，地区生产总值占全国比重为 46.5%，在我国经济社会发展中占有极其重要的地位。

长江三峡水利枢纽工程（简称三峡工程）是治理开发和保护长江的关键性骨干工程，是世界上规模最大的水利枢纽工程，水库正常蓄水位高程 175 m，防洪库容 221.5 亿 m^3，调节库容 165 亿 m^3，具有防洪、发电、航运、水资源利用等巨大的综合效益。

2018 年 4 月 24 日，习近平总书记赴三峡工程视察并发表重要讲话。习近平总书记指出，"三峡工程是国之重器"，"是靠劳动者的辛勤劳动自力更生创造出来的，三峡工程的成功建成和运转，使多少代中国人开发和利用三峡资源的梦想变为现实，成为改革开放以来我国发展的重要标志。这是我国社会主义制度能够集中力量办大事优越性的典范，是中国人民富于智慧和创造性的典范，是中华民族日益走向繁荣强盛的典范"。

2003 年三峡水库水位蓄至 135 m，开始发挥发电、航运效益；2006 年三峡水库比初步设计进度提前一年进入 156 m 初期运行期；2008 年三峡水库开始正常蓄水位 175 m 试验性蓄水期，2010～2020 年三峡水库连续 11 年蓄水至 175 m，三峡工程开始全面发挥综合效益。

随着经济社会的高速发展，我国水资源利用和水安全保障对三峡工程运行提出了新的更高要求。针对三峡水库蓄水运用以来面临的新形势、新需求和新挑战，2011 年，中国长江三峡集团有限公司与水利部长江水利委员会实施战略合作，联合开展"三峡水库科学调度关键技术研究"第一阶段项目的科技攻关工作。研究提出并实施三峡工程适应新约束、新需求的调度关键技术和水库优化调度方案，保障了三峡工程综合效益的充分发挥。

"十二五"期间，长江上游干支流溪洛渡、向家坝、亭子口等一批调节性能优异的大型水利枢纽工程陆续建成和投产，初步形成了以三峡水库为核心的长江流域水库群联合调度格局。流域水库群作为长江流域防洪体系的重要组成部分，是长江流域水资源开发、水资源配置、水生态水环境保护的重要引擎，为确保长江防洪安全、能源安全、供水安全和生态安全提供了重要的基础性保障。

从新时期长江流域梯级水库群联合运行管理的工程实际出发，为解决变化环境中以三峡水库为核心的长江流域水库群联合调度所面临的科学问题和技术难点，2015 年，中国长江三峡集团有限公司启动了"三峡水库科学调度关键技术研究"第二阶段项目的科技攻关工作。研究成果实现了从单一水库调度向以三峡水库为核心的水库群联合调度的转变、从汛期调度向全年全过程调度的转变，以及从单一防洪调度向防洪、发电、航运、供水、生态、应急等多目标综合调度的转变，解决了水库群联合调度运用面临的跨区域精准调控难度大、一库多用协调要求高、防洪与兴利效益综合优化难等一系列亟待突破的科学问题，为流域水库群长期高效稳定运行与综合效益发挥提供了技术保障和支撑。2020 年三峡工程完成整体竣工验收，其结论是：运行持续保持良好状态，防洪、发电、航运、水资源利用等综合效益全面发挥。

当前，长江经济带和长江大保护战略进入高质量发展新阶段，水库群对国家重大战略和经济社会发展的支撑保障日益凸显。因此，总结提炼、持续创新和优化梯级水库群联合调度理论与方法更为迫切。

为此，"长江流域水库群科学调度丛书"在对"三峡水库科学调度关键技术研究"项目系列成果进行总结梳理的基础上，凝练了一批水文预测分析、生态环境模拟和联合优化调度核心技术，形成了与梯级水库群安全运行和多目标综合效益挖掘需求相适应的完备技术体系，有效指导了流域水库群联合调度方案制定，全面提升了以三峡水库为核心的长江流域水库群联合调度管理水平和示范效应。

"十三五"期间，随着乌东德、白鹤滩、两河口等大型水利枢纽工程陆续建成投运和水库群范围的进一步扩大，以及新技术的迅猛发展，新情况、新问题、新需求还将接续出现。为此，需要持续滚动开展系统、精准的流域水库群智慧调度研究，科学制定对策措施，按照"共抓大保护、不搞大开发"和"生态优先、绿色发展"的总体要求，为长江经济带发挥生态效益、经济效益和社会效益，提供坚实的保障。

"长江流域水库群科学调度丛书"力求充分、全面、系统地展示"三峡水库科学调度关键技术研究"第二阶段项目的丰硕成果，做到理论研究与实践应用相融合，突出其系统性和专业性。希望该丛书的出版能够促进水利工程学科相关科研成果交流和推广，为同类工程体系的运行和管理提供有益的借鉴，并对水利工程学科未来发展起到积极的推动作用。

中国工程院院士

2023 年 3 月 21 日

前　言

三峡工程是治理、开发与保护长江的骨干工程，具有防洪、发电、航运、供水、生态等巨大综合效益。试验性蓄水运用以来，三峡水库的运用环境发生较大变化，一方面各用水部门对水库调度提出新的更高要求，另一方面长江上游梯级水库群的建成运行改变三峡水库入库水沙条件。为应对水库调度运行条件的变化及各方面对水库调度提出新的更高要求，围绕三峡水库运行方式开展了大量研究与实践工作，包括汛前水库水位集中消落、汛期运行水位控制运用、中小洪水调度、汛末提前蓄水等优化调度。

在三峡水库优化调度取得显著社会经济效益的同时，调度运行方式的改变使水库汛期运行水位常高于设计阶段制定的汛期运行水位，在遭遇不同频率洪水时，库区淹没的风险相应加大。近年来，随着三峡库区城镇化的加速推进，对水库岸线和水资源的利用增加，人水关系愈加密切，两岸人群居住、经济活动与三峡水库运行的关系越来越密切，对三峡水库运行水位变化的敏感性增强。为避免库区水面线超过初步设计阶段制定的库区移民迁移线和土地征用线，水库运行管理部门时常面临着很大的调度决策压力。同时，面对库区环境的变化，需要通过对三峡水库库周一定高程范围内的地理信息要素开展本底调查，设计建立本底信息库，以更准确地描述库区淹没风险，为不同运行水位的调度方案选择提供决策参考。因此，深入开展三峡水库优化调度过程中不同运行水位对库区的影响研究，确定库区淹没可控的临界水位及流量，为调度部门提供开展优化调度所允许的坝前水位和入库流量上限值，有助于在水库优化调度的同时尽可能地降低水库调度对库区回水淹没的影响，对科学指导水库优化调度和及时响应社会关心问题意义重大。

本书依托中国长江三峡集团有限公司"三峡水库科学调度关键技术研究"第二阶段研究项目，开展了三峡水库不同运行水位与库区水面线响应关系研究，主要内容如下：第 1 章为绪论，第 2 章为三峡库区水面线研究进展与工作基础，第 3 章为三峡水库蓄水运用以来库区实际水面线情况，第 4 章为水库洪水演进计算模型，第 5 章为三峡水库库尾水位流量关系及行洪能力变化，第 6 章为三峡水库淹没可控的临界水位与流量，第 7 章为三峡水库不同运行水位淹没影响信息库，第 8 章为三峡水库不同运行水位对库区淹没的影响。

本书由黄艳、喻杉、李肖男、赵文焕、纪国良共同完成。第 1 章由黄艳、赵文焕、李肖男负责撰写，第 2 章由李肖男、喻杉、肖扬帆负责撰写，第 3 章由李肖男、黄仁勇、袁玉、文小浩负责撰写，第 4 章由黄仁勇、黄艳、李肖男、荆柱负责撰写，第 5 章由赵文焕、陈玺、李妍清、王含、王飞龙负责撰写，第 6 章由黄艳、黄仁勇、喻杉、周曼负责撰写，第 7 章由纪国良、杨威威、周律豪、周科、仇红亚负责撰写，第 8 章由周律豪、纪国良、杨威威、肖扬帆负责撰写。全书由李肖男、黄仁勇、袁玉统稿、校稿，黄艳、鲁军审定。本书的编写还得到了长江勘测规划设计研究有限责任公司、中国长江三峡集团有限公司流域枢纽运行管理中心、长江水利水电开发集团（湖北）有限公司、中国长江电力股份有限公司三峡水利枢纽梯级调度通信中心，水利部长江水利委员会及其所属水旱灾害防御局、长江科学院、水文局等相关单位领导、专家的大力支持和指导。本书的出版得到了中国长江三峡集团有限公司三峡水库调度关键技术第二阶段研究项目的资助，在此一并致以衷心的感谢。

　　三峡库区水面线变化呈现多区域、非线性、非稳定的特点。当前，水库积累的运行资料尚且有限，对三峡水库不同运行水位与库区水面线响应关系的研究仍在摸索阶段。如何在优化三峡水库调度运行方式、发挥水库综合效益的同时，科学地协调上下游的关系，更好地协调各部门、各行业、各地区之间的需求，需要持续开展研究与实践。由于该问题的复杂性，以及时间、资料的限制，本书难免存在一些不足之处，需要通过实践不断完善。最后，需要再次说明的是，由于作者水平有限，书中存在不当之处在所难免，敬请广大读者批评指正。

作　者

2022 年 11 月于武汉

目　　录

第1章

绪　　论

在三峡水库优化调度取得显著社会经济效益的同时，调度运行方式的改变使水库在遭遇不同频率洪水时，库区淹没的风险加大，水库调度运行管理面临上、下游平衡的决策难题。本书的总体目标是通过深入开展三峡水库优化调度过程中不同运行水位对库区的影响研究，以期深化以三峡水库为核心的控制性水库群联合调度方式研究，助力构建"小水减压、大水减灾、特大洪水避险"的多级防洪调控体系，实现持续提升水库综合效益的目的。

1.1　变化环境下三峡库区防洪面临的新形势

三峡工程是治理、开发与保护长江的骨干工程，承担防洪、发电、航运等综合利用任务，在防洪、发电、航运、枯期补水、生态等方面发挥着巨大的综合效益。与设计阶段相比，建成后的三峡水库的运用环境发生较大变化，各用水部门也对水库调度提出了新的更高要求（刘丹雅和纪国强，2009；仲志余和宁磊，2006；仲志余，2003）。为全面发挥三峡水库的综合效益，开展新约束、新需求、新边界条件下的水库优化调度研究是经济社会发展的客观要求。随着三峡水库运用条件的变化和调度方式的优化，为充分发挥三峡工程综合调度能力，提高对不同类型洪水的防洪减压作用，亟须在已有研究的基础上，研究三峡水库不同运行水位对库区的影响，满足实时调度中的快速决策需求。

在三峡工程的可行性研究阶段，主要采用坝址洪水和静库容调洪进行回水推算工作；初步设计阶段在复核可行性研究阶段的成果的基础上，开展了基于动库容调洪的回水推算工作。可行性研究阶段和初步设计阶段库区水面线的推算，是根据渐变流的原理，采用分段稳定流的方法进行方程的离散，并以试算法进行求解。应该说，回水曲线偏安全地给出当时计算条件下库区回水淹没的上边界。

三峡水库蓄水运用以来，随着长江上游干支流梯级水库群的陆续建成运行，加之水土保持、降雨减少、河道采砂等综合影响（金兴平和许全喜，2018），水库来水来沙条件发生明显变化。2003～2018 年，水库年平均径流量（宜昌站）为 4 094 亿 m^3，较初步设计阶段的 4 510 亿 m^3 减少约 9%；入库年平均沙量为 1.54 亿 t（朱沱站+北碚站+武隆站）[①]，较初步设计阶段减少约 70%。同时，流域经济社会的发展对三峡水库防洪、发电、航运、供水、生态等综合调度提出了更高的需求（周曼和徐涛，2014）：汛期下游防洪和航运部门提出对 55 000 m^3/s 以下的中小洪水进行拦蓄，以减轻下游防洪和两坝间通航压力；为满足下游生产、生活用水需求，中下游用水部门希望提高汛期末段和枯水期三峡水库的最小下泄流量；此外，各方希望三峡水库开展生态调度，创造有利于四大家鱼繁殖的水力学条件，减少库尾及库区泥沙淤积；等等。为此，以提升三峡水库综合效益为目标，针对三峡水库调度运行方式开展了持续优化调度研究与应用实践（李肖男 等，2022；鲍正风 等，2016；郑守仁，2015；周曼和徐涛，2014）。

在三峡水库优化调度取得显著社会经济效益的同时，也应看到，由于水库汛期和蓄水期运用方式的优化，汛期和蓄水期水库实际运用水位与设计调度方式相比有所不同。试验性蓄水以来实施的汛期水位上浮运用、中小洪水调度和兼顾城陵矶附近地区的防洪补偿调度等优化调度方式，使水库汛期和蓄水期的实际运行水位与初步设计阶段相比有所抬高，2009～2018 年的实时调度中，三峡水库汛期最高调洪水位基本都在 150.0 m（资用吴淞，以下无特殊说明均同）以上，且多数在 155.0 m 以上。调度运行方式的改变使水库汛期运

[①] 朱沱站建于 1954 年，于 1967 年下迁 450 m，改称朱沱（二）站，又于 1984 年再次下迁 290 m，改称朱沱（三）站；北碚站建于 1939 年，于 1976 年上迁 106 m，改称北碚（二）站，又于 2007 年下迁 831 m，改称北碚（三）站，文中在无特殊情况时使用北碚站。

行水位常高于初步设计阶段的汛期运行水位,在遭遇不同频率洪水时,有可能增大库区特别是库尾河段的淹没风险(邹强 等,2018;郑守仁,2015;李雨 等,2013;郭家力 等,2012)。为避免库区水面线超过初步设计阶段确定的库区移民迁移线(以下简称"移民线")和土地征用线(以下简称"土地线"),水库运行管理部门时常面临着很大的调度决策压力。因此,实时调度中,在三峡水库为中下游防洪减压调度时,为尽量避免库区回水淹没,需要探明三峡水库不同运行水位对库区的淹没风险,构建水面线快速计算模型,开展淹没风险快速评估,为运行管理部门的调度决策提供快速辅助支持。

此外,在三峡工程可行性研究阶段和初步设计阶段,针对工程泥沙问题开展了大量研究,分析了库区泥沙淤积对水库回水的影响。但鉴于泥沙问题的复杂性,部分问题尚未认识清楚,还需要进一步深入研究和持续观测,因此三峡水库回水淹没处理未考虑水库泥沙淤积的影响。试验性蓄水以来,虽然入库泥沙较建库前大幅减少,但 2003 年 6 月~2018 年 12 月,三峡水库入库悬移质泥沙量仍有 23.355 亿 t,出库(黄陵庙站)悬移质泥沙量为 5.622 亿 t,不考虑库区区间来沙,水库淤积泥沙 17.733 亿 t,年均淤积约 1.1 亿 t,入库泥沙的淤积使得库区的河道地形发生一定的变化。此外,三峡水库属典型的峡谷河道型水库,库区内支流众多,据统计,库段内有回水长度 1 km 以上的支流 170 余条,各支流回水总长度约 1 840 km,其中回水长度在 20 km 以上的有 16 条,占支流库段总长度的 59.2%。对于库区地形的冲淤变化、动库容的实时调整,都需要准确、快速的计算模型与工具,以实现库区防洪控制点水位过程的准确、高效模拟,为三峡水库调度和库区防汛工作提供依据。

同时,近年来库区城镇化加速推进,据统计,三峡库区城镇化率由 1992 年的 10.68% 提高至 2013 年的 52.18%,城镇规模成倍增长。城镇化率的提升使得对水库岸线和水资源的利用增加,岸线利用越来越长,人水关系更加密切,2008 年长江干流和 12 条主要支流已利用岸线达 279.92 km,岸线利用率为 11.96%,两岸人群居住、经济活动与三峡水库运行的关系越来越密切,对三峡水库运行水位变化的敏感性增强。同时,水库不同运行水位的涨落对库区淹没的相关影响越来越明显,且该影响相较于初步设计阶段有所变化。面对库区环境的变化,需要对三峡水库全部库周一定高程范围内的信息要素开展本底调查,设计、建立本底信息库,以更准确地描述库区淹没风险,为不同运行水位调度方案的选择提供决策参考。因此,需要深入开展水库优化调度对库区洪水水面线影响与库区淹没风险的研究,为科学调度提供决策依据。

在此背景下,厘清三峡水库库周一定高程范围内的信息要素、构建相应的本底信息库,可为不同运行水位调度方案的库区淹没风险评估提供数据支持。总之,为适应三峡水库来水来沙变化,响应水库上、下游及各部门对水库调度方式优化的迫切需求,并充分发挥工程综合效益,亟须开展三峡水库不同运行水位对库区的影响研究,为研究三峡水库实时调度的上下游反馈机制、深化以三峡水库为核心的控制性水库群联合调度方式研究提供决策支持,对构建"小水减压、大水减灾、特大洪水避险"的多级防洪调控体系具有十分重要的现实意义。

1.2　三峡库区概况

三峡工程位于长江上游与中下游的交界处，坝址控制流域面积 100 万 km^2，约占长江流域总面积的 56%。三峡水库正常蓄水位 175.0 m，汛期防洪限制水位为 145.0 m，枯水期消落低水位为 155.0 m，防洪库容为 221.5 亿 m^3，调节库容为 165.0 亿 m^3，具有巨大的防洪、发电、航运、供水、生态等综合利用效益，是综合治理开发长江的关键工程。

三峡库区位于东经 105°44′~111°39′、北纬 28°32′~31°44′的长江流域腹心地带，地跨湖北省西部和重庆市中东部，面积约 5.8 万 km^2。其包括湖北省的夷陵区、秭归县、兴山县、巴东县，重庆市的巫山县、巫溪县、奉节县、云阳县、万州区、开州区、忠县、石柱县、丰都县、涪陵区、武隆区、长寿区、江津区等 17 个县（区）和主城 9 个区（渝中区、北碚区、沙坪坝区、南岸区、九龙坡区、大渡口区、江北区、渝北区、巴南区）。

三峡水库处于正常蓄水位 175.0 m 时，相应的库区范围为坝址至上游约 660 km 处的江津区附近。三峡大坝建成后，水库沿干支流延伸呈条带状。三峡库区内坝址至重庆市段有 20 余条流域面积 1 000 km^2 以上的支流入汇。研究范围内主要支流统计如表 1.1 所示。

表 1.1　研究范围内主要支流统计表

序号	河流名称	流域面积/km^2	库区境内长度/km	年均流量/（m^3/s）	入江口位置	与三斗坪镇的距离/km
1	綦江	7 020	—	122	大中坝	665
2	嘉陵江	159 800	—	2 220	朝天门	613
3	御临河	2 736	58	65	太洪岗	563
4	龙溪河	3 248	218	54	羊角堡	526
5	乌江	87 920	65	1 650	麻柳咀	484
6	龙河	2 810	114	58	乌阳街道	429
7	小江	5 173	118	116	双江镇	247
8	汤溪河	1 810	108	56.2	云阳县	222
9	磨刀溪	3 197	170	60.3	兴和村	219
10	梅溪河	1 972	113	32.4	奉节县	158
11	大宁河	4 200	143	98.0	巫山县	123
12	香溪河	3 095	110	47.4	香溪镇	32

初步设计阶段，三峡水库正常蓄水位 175.0 m 方案回水水面线的推算范围，包括库区长江干流及主要支流，包括香溪河、大宁河、梅溪河、磨刀溪、汤溪河、小江、龙河、龙溪河、御临河、乌江、綦江和嘉陵江。

根据有关规程、规范的要求，结合三峡工程库区的具体情况，初步设计按照同一频率回水曲线高于天然水面线 0.3 m 的取值，确定干流 5 年一遇洪水回水末端在距坝址 573.9 km 的大塘坝断面，回水水位为 180.7 m，天然水位为 180.4 m，5 年一遇回水曲线以下，淹没总面积 1 045 km^2，其中陆域面积 600 km^2；20 年一遇洪水回水末端在距坝址

579.6 km 的弹子田断面,回水水位为 186.0 m,天然水位为 185.7 m,177.0 m 接 20 年一遇回水曲线以下,淹没总面积 1 084 km²,其中陆域面积 632 km²。

蓄水运用以来,三峡水库调度的入库流量参考站通常为干流寸滩站、乌江武隆站等,其中寸滩站流量成为三峡水库调度的重要参照。寸滩站距三峡大坝坝址约 606 km,完全涵盖初步设计确定的回水末端位置。结合研究的需要,本书将研究范围拟定为朱沱站至坝址段干流,并重点聚焦寸滩站至坝址段,研究范围内涉及朱沱站、北碚站、寸滩站、武隆站、清溪场站①等重要水文(位)站(图 1.1)。

图 1.1 三峡库区干支流河道及水文(位)站位置图

1.3 三峡水库不同运行水位对库区影响的概述

本书采用文献整理、现场调研、实测资料分析、数学模型计算等多种手段相结合的方法,开展三峡水库不同运行水位对库区的影响及对策研究,主要研究内容如下。

(1)三峡水库初步设计阶段回水计算成果总结。回顾三峡水库初步设计阶段回水计算成果,包括水库回水计算与水库回水淹没处理。

(2)三峡水库蓄水运用情况分析。简要介绍三峡水库蓄水运用以来的库区泥沙冲淤特性、优化调度运用情况;对近年来三峡水库调度运行过程进行总结分析,选取实测典型运用过程,分析不同运行水位条件下的库区水面线及其变化过程,研究库区水面线变化与入库流量、水库调度运用之间的关系;将实测三峡库区水面线与规划设计成果比较,分析近年来三峡水库不同运行水位下库区水面线的淹没情况。

(3)水库洪水演进计算模型研究。以圣维南方程组为基础,对原有适应于天然河流的数值模型在库容闭合和区间流量计算方面进行改进,提出基于断面法的水位库容曲线修正、区间流量水动力学模型反算与空间分配等模型改进的新方法,提升模拟精度,以适应现有水库调度运行方式,建立可指导实时调度的洪水演进计算模型。同时,为提高模型粗糙系

---

① 清溪场站建于 1939 年,1956 年上迁 350 m,改称清溪场(二)站,1980 年下迁 50 m,改称清溪场(三)站,2007 年上迁 970 m,改称清溪场(四)站。

数率定的准确性,采用三峡水库建库后实测水位流量资料对模型进行率定和验证。

(4)三峡水库库尾河段水位流量关系及行洪能力变化分析。分析建库后不同库水位下回水末端,确定水库坝前水位顶托影响范围;基于建库后的实测断面和地形数据,分析蓄水运用后库尾控制断面在不同水深条件下的断面面积等变化,揭示库尾河段比降变化特征,研究提出库尾河段控制断面水位-面积、水位-流速等关系。在此基础上,研究各控制断面同水位下流量的变化,即不同坝前水位下的行洪能力变化,揭示三峡水库蓄水运用后典型控制断面的行洪能力演变规律。

(5)三峡水库淹没可控的临界水位及流量研究。为便于指导三峡水库实际调度运行,将三峡水库入库流量按寸滩站来水为主、区间来水为主、武隆站来水为主三种情况来考虑,适当考虑水库拦蓄的实际情况,针对不同来水组合和调度情况,研究提出淹没可控的临界水位及流量约束指标。选取实际洪水,对研究提出的三峡水库淹没可控的临界水位、流量约束指标进行淹没预判检验,提出规避库区淹没风险的调度运行建议。

(6)三峡水库不同运行水位淹没影响信息库建设。以三峡水库淹没实物指标体系为基础,根据历年蓄水淹没情况,分析三峡水库试验性蓄水以来库区淹没及相关影响情况。根据研究目标和淹没影响分析要求,确定水库不同运行水位淹没影响区的地域范围、高程范围、信息单元等。通过人工调查和无人机调查相结合的方式,获得三峡水库库周淹没影响区本底信息要素,根据地块编码及要素信息分类的要求,建立主要地理信息要素齐全、可动态更新的主要地理要素信息库,可为系统分析三峡水库不同运行水位的淹没影响提供充足的数据支撑和保障。

(7)三峡水库不同运行水位对库区淹没的影响。定义水库淹没影响及分析指标,以构建的信息库数据为基础,研究不同库段在不同运行水位、不同入库流量条件下的淹没风险,揭示洪水淹没的实物指标统计特征和沿程分布规律,解析不同水位和运行条件下敏感库段及关键节点的淹没情势,为洪水风险评估与损失评估提供一种可量化的手段。

第2章

三峡库区水面线研究进展与工作基础

　　水面线计算是根据河道地形、断面水力参数及河道粗糙系数，推求河段各断面在一定流量下的水位，并绘制相应流量的水面曲线。水面线推求通常从下游向上游计算，其方程式一般为高次隐函数，难以直接求解，可采用试算法、图解法等求解，如今大多求助于计算机来进行求解。与天然河道水面线求解不同，水库库区水面线求解通常还需要对区间流量引入、库容动态修正进行必要的考虑，以尽量满足水量守恒，提升模拟精度。本章从计算模型、影响因素和研究趋势等方面简要梳理水库水面线的研究进展，回顾初步设计阶段三峡水库的回水计算要点、回水计算成果和回水淹没处理方式，是本书主要内容的重要基础。

2.1　库区水面线研究进展

三峡水库作为典型的河道型水库，库区水面线研究主要涉及水面线计算模型与求解方法、影响因素分析等内容。现将有关研究进展与发展趋势介绍如下。

2.1.1　水面线计算模型

严格来说，大多数天然水体的流动都具有三维特征。但采用三维水动力学模型来进行模拟计算，不仅需要考虑运动要素在三个空间坐标方向的变化，使问题复杂化，而且还会遇到多方程耦合求解方面的困难。因此，为提高求解效率，针对大尺度河道水流运动，常采用简化的方法，通过引入断面平均流速概念，把水流运动简化为平面纵向一维流动，用圣维南方程组来描述实际水流的运动规律。实践证明，库区水体流动大多具有均匀流或渐变流特性，将其看作一维流动进行分析，在很多情况下可以满足要求。

明渠恒定均匀流法是最基本的水面线计算方法，其基本公式为连续方程和谢才公式的组合。明渠恒定均匀流法的最大优点是计算简单、快速，适合于库区回水推算、移民线及土地线确定、水库调度的实时快速反馈。缺点是对于流量的沿程分配通常采用固定的模型，与实时预报来水数据可能存在偏差；此外，该方法忽略本构方程中的时间导数项和动量项影响，对于入库流量变化剧烈的过程和河道地形变化显著的河段，计算结果的精度有所降低。

数值仿真技术的进步对水力学、水文学的发展具有重要影响，并取得了一些可观的成果，以圣维南方程组为基础，采用高精度的数值离散和计算求解格式，一维水动力学模型得到快速发展，并应用于江河湖库的水面线计算之中（肖扬帆 等，2022；黄仁勇 等，2018；卢程伟 等，2018；黄仁勇和黄悦，2009）。圣维南方程组提出以来，围绕其本构方程改进与完善、数值离散与求解、应用实践与拓展等方面开展了大量卓有成效的研究与应用，在长期的研究和实践中得到充分证实与完善，主要包括以下几个方面。

（1）对方程本身的研究。结合浅水理论，完善方程的推导，得到方程的微分表达式、积分表达式、无量纲表达式等；根据研究问题的不同，推导出不同物理量作为变量的方程表达式；考虑到支流入汇、旁侧引水等问题，对方程组增加侧向入流项。这些研究丰富了圣维南方程组的本构形式，在解决具体问题时有很好的应用。

（2）方程的数值离散。求数值解首先要对方程进行离散，稳定的、精确的、高效的离散方法是研究者所追求的，这方面的研究主要集中于 20 世纪 60～80 年代，先后提出了特征线法、直接差分法、有限元法、有限体积法等，以及相应的显式格式和隐式格式。

（3）方程的求解方法。圣维南方程组是一个复杂的双曲型非线性偏微分方程组，方程的求解非常困难，早期的研究以简化解析解（积分解）、图解法（特征线法）为主，只能求解一些简单的水流问题。随着计算机技术的发展，求方程的完全数值解成为可能，方程得到更广泛的应用。

（4）工程应用实践。随着理论研究和数值计算方法的进一步完善，近期的研究以拓展应用研究与实践为主，涉及的问题包括河道水流演进问题，水沙计算问题，水库水力学计算问题，河网水力学计算问题，水电站、船闸、引航道等工程水力学问题，潮汐河口水力学问题等。

对于水库水力学和水面线的模拟计算，基于圣维南方程组的非恒定流模型已成为最主要的手段，代表性模型有 HEC-RAS、MIKE11 等商业软件。这些商业软件经过长期应用实践与完善，模型算法的稳定性得到了业内的公认。王佰伟等（2011a）采用 HEC-RAS 软件建立了三峡库区洪水演进数值计算模型，研究库区河道调蓄对洪峰的削减作用；李晓昭（2018）、肖扬帆等（2022）分别基于 MIKE11 软件构建三峡库区洪水演进计算模型，研究库区洪水传播规律。但商业软件在库区水面线模拟应用中存在一定的短板，主要表现在对于区间流量的引入、粗糙系数的赋值、库容的修正、库湾的槽蓄等方面的考虑与设置不太灵活。且商业软件的最大问题在于，二次开发存在一定的壁垒，无法满足个性化、定制化的用户需求，影响模拟精度的进一步提升。黄仁勇和黄悦（2009）采用 Preissmann 四点隐式差分格式构建三峡水库一维水动力学模型，重点对区间入流过程进行研究，提出满足出库水量平衡的三峡区间日均流量过程计算方法，对水面线模拟精度有一定的改善；纪国良等（2019）从稀疏矩阵压缩存储和线性方程组求解两个方面研究圣维南方程组的快速求解方法，提出基于十字链表和按行（列）压缩存储结构的稀疏矩阵压缩存储方法及运用三角分解法求解线性方程组的计算方案，节省存储空间，提高了计算求解效率；荆柱（2021）改进基于库容修正方法的三峡水库一维水动力学模型，重点采用高精度地形数据对计算断面重构的库容进行动态修正，提升库区水面线模拟精度。在库区水面线精确模拟的基础上，基于动库容调洪的研究在三峡水库调度中应用得愈发广泛（吴昱，2017；王炎，2016；张俊 等，2011；仲志余 等，2010）。

2.1.2　水面线影响因素

在一维水面线计算中，对计算结果影响较大的计算参数主要有：粗糙系数、动能修正系数、局部水头损失系数及有效过水面积等，其中粗糙系数的影响因素最为复杂。影响粗糙系数的因素错综复杂（童思陈 等，2017；钱圣，2015），导致粗糙系数不仅沿河道的纵、横剖面变化，还随着水位、流量等水力因子而发生变化，因此难以准确地确定粗糙系数。若选用的粗糙系数比实际值小，则计算的水面线比实际的要低；反之，若粗糙系数比实际值大，则计算的水面线会比实际的要高。由于无法建立普遍通用的粗糙系数公式，目前实际工程中粗糙系数的确定主要有两种途径：一是借助前人在多年的工程实践中积累的丰富实测资料和经验，将其作为取值的参考；二是基于实测水文资料进行粗糙系数推算，当计算河段有水面线实测资料时，可先假定计算河段各段粗糙系数，进行水面线的计算，反复调试，使水面线与已知的实测水位吻合，这时的粗糙系数即该河段的粗糙系数。然而，实测资料往往有限，通常只有少量流量级别的实测水面线，如采用某一流量级别的粗糙系数去计算其他流量的水面线，反映不出粗糙系数随流量与水位的变化，会使计算结果与实际偏差较大；如有两个或多个流量级别的实测水面线，其他计算流量的粗糙系数多采用插值的方法来处理。采用不同的插值方法，会获得不同的粗糙系数，使计算的水面线有所差异，有时相差还很大。

除粗糙系数外，对于水库，尤其是河道型水库，入库流量、区间流量、坝前水位等水动力学因子是影响水面线变化规律的主要因素（王佰伟 等，2011b）。袁玉等（2022）选取三峡水库典型洪水调度过程及瞬时水面线进行各库段水面线特性研究，着重分析寸滩站流量、坝前水位对库区不同库段水面线的影响，探求水面线的时空变化规律；吴天蛟（2014）定量分析三峡区间入流对库区洪水的贡献，研究区间入流洪水特性对坝前水位的影响。

2.1.3　研究趋势介绍

库区水面线计算已经趋于成熟，现阶段的研究趋势主要体现在进一步利用计算资源提升计算效率、计算精度等方面。对于前者，引入并行计算的算法，包括基于 OpenMP（open multi-processing）和信息传递接口（message passing interface，MPI）的并行模式。对于后者，包括以滤波方法为代表的数据同化方法被引入水面线的预报计算。对于数据同化方法，通过滤波等手段同化观测水位，不仅可以直接校正水位，也可以有效地校正流量和粗糙系数（肖扬帆 等，2022），为未来时刻模型预报计算提供更准确的水流初始条件和粗糙系数取值区间，进而有效地提高模型预报水位和流量的精度，给出合理的概率预报区间。此外，基于数据分析的方法对库区水面线开展预测也逐步引起重视，刘涛等（2021）采用分段套索最小角回归交叉验证算法研究三峡水库出、入库流量和坝前水位与长寿站水位的映射关系，预测三峡库区长寿站水位，降低了模型对输入数据准确性的要求。

2.2　初步设计阶段回水计算

根据《长江三峡水利枢纽初步设计报告（枢纽工程）》第四篇"综合利用规划"（1992 年），三峡库区回水曲线采用通用的恒定非均匀渐变流方法进行推算。基本方程式如下：

$$\Delta Z = Z_2 - Z_1 = \frac{Q^2}{\bar{K}^2}\Delta l + (1-\xi)\left(\frac{\alpha_1 v_1^2}{2g} - \frac{\alpha_2 v_2^2}{2g}\right) \tag{2.1}$$

式中：Z_1、Z_2 分别为计算河段下、上游断面水位（m）；Q、Δl 分别为计算河段的流量（m³/s）及河段长度（m）；α_1、α_2 分别为计算河段下、上游断面的流速不均匀系数；v_1、v_2 分别为计算河段下、上游断面的平均流速（m/s）；ξ、g 分别为局部水头损失系数和重力加速度（m/s²）；$\bar{K}$ 为计算河段下、上游断面流量模数的平均值（m³/s）。

一般在进行水库回水水面线计算时，会简化出、入库流量过程和坝前水位过程，对沿程流量的分配做一定的处理，并可忽略局部水头损失系数与流速不均匀系数，因此式（2.1）可进一步简化为

$$\Delta Z = Z_2 - Z_1 = \frac{Q^2}{K^2}\Delta l \tag{2.2}$$

引入曼宁公式，则流量模数 K 可转化为

$$K = \frac{AR^{2/3}}{n} \tag{2.3}$$

式中：A 为断面面积（m^2）；R 为水力半径（m）；n 为粗糙系数。具体计算时，可采用试算法和控制曲线法。以试算法为例，即已知下游断面水位 Z_1、流量 Q_1、河段粗糙系数 n，假定上游断面水位 Z_2，计算上游断面相应的面积 A_2 和水力半径 R_2，采用式（2.2）和式（2.3）求解 Z_2，直至求解水位与假定水位满足设置的精度要求，则假定的上游断面水位为所求。求出的上游断面水位，可作为上一河段的下游断面水位。自下而上逐河段计算，即可求得整个库区的水面线。

三峡水库回水计算时，在已知主要控制断面（朱沱断面、寸滩断面、清溪场断面及坝址断面）的流量及坝址断面水位的情况下，对沿程各断面流量进行分配，然后从下至上计算各断面的水位。根据对初步设计阶段成果的梳理，三峡水库回水计算的要点如下。

（1）计算范围。三峡水库回水计算范围包括长江干流和香溪河、大宁河、梅溪河、磨刀溪、汤溪河、小江、龙河、渠溪河、乌江、御临河、嘉陵江等 11 条主要支流，基于实测 1:10 000 地形图和横断面资料选取一定数量的河道断面表征沿程水力特征。

（2）粗糙系数率定。将实测及调查的历史洪水水面线和干流坝址至朱沱站之间的 21 个水文站的水位流量关系曲线作为率定粗糙系数的依据，试算了 2 500～100 000 m^3/s 区间内多个流量级的各河段粗糙系数值。

（3）起始水位确定。通常，水库回水曲线为考虑各种可能出现的水位、流量组合情况后库区沿程最高回水水位的连线，故根据水库调度情况特别是洪水调度情况考虑了回水曲线的组成。初步设计阶段，按照分级调度、补偿调节方式，采用坝址洪水静库容方法进行调洪，考虑对宜昌站至枝城站段进行补偿调节，对于 100 年一遇及以下洪水，控制沙市站水位不超过 44.5 m，相应水库调洪水位作为起始水位。

（4）沿程流量分配。按设计频率的洪峰流量并考虑沿程库容的调蓄作用求得沿程流量，将其作为推算流量。①在入库流量最大与相应库水位工况下，库区沿程分段流量的分配，根据不同的入、出库流量按河长比例进行。②在调洪的蓄洪水位最高与相应的出、入库流量工况下，干流坝址处计算流量等于相应各频率洪水的水库泄量，清溪场站计算流量取相应各种频率洪水的入库流量，寸滩站和朱沱站计算流量取相应于清溪场站的值（表 2.1）。③汛末水库蓄满至 175 m，取 11 月库区各站最大日均洪峰频率流量；支流选择 11 月最大日平均流量相应频率的流量，对大洪河及嘉陵江则考虑汛末 11 月干支流不同来水组合情况进行计算。

表 2.1　长江干流宜昌站、清溪场站、寸滩站、朱沱站年最大流量频率计算成果　（单位：m^3/s）

洪水频率	宜昌站	清溪场站	寸滩站	朱沱站
20 年一遇	72 300	76 700	75 300	54 600
5 年一遇	60 320	63 000	61 400	44 200

（5）回水上包线确定。考虑各频率的设计洪水过程中可能出现的洪水流量与相应坝前水位的几种组合，推算相应的库区水面线并将其上包线作为各频率的库区回水曲线。初步设计阶段，对各频率洪水的回水曲线分三种情况进行推算：①入库流量最大与相应库水位工况；②调洪的蓄水位最高与相应的出、入库流量工况；③汛末水库蓄至正常蓄水位与相应 11 月洪峰流量的组合（表 2.2）。将三种工况的回水水面线进行比较，将其上包线作为各频率洪水的回水曲线。

表 2.2　三峡水库 175 m-145 m-155 m 方案调洪成果

洪水频率	枝城站控制泄量 / (m³/s)	三峡坝址							
		来量最大			蓄水位最高			汛末蓄满	
		$Q_入$ / (m³/s)	$Q_出$ / (m³/s)	H /m	$Q_入$ / (m³/s)	$Q_出$ / (m³/s)	H /m	$Q_{11月}$ / (m³/s)	H /m
20 年一遇	56 700	72 300	47 500	154.6	53 500	53 400	157.5	23 100	175
5 年一遇	56 700	60 900	52 900	147.2	60 200	53 900	148.3	18 300	175

注：$Q_入$表示入库流量；$Q_出$表示出库流量；H表示库水位；$Q_{11月}$表示 11 月洪峰流量。

（6）回水末端的确定。回水末端通过从同一频率洪水的库区回水曲线高于天然水面线 0.3 m 处向上游引水平线与其相交确定。根据初步设计阶段的回水计算成果，5 年一遇洪水回水末端在距坝址 573.9 km 的大塘坝断面，回水水位为 180.7 m；20 年一遇洪水回水末端在距坝址 579.6 km 的弹子田断面，回水水位为 186.0 m；100 年一遇洪水回水末端在距坝址 593.5 km 的生基塘断面，回水水位为 192.8 m。回水末端位置均在重庆市主城区以下。

（7）天然水面线推算。库区干流各频率洪水天然水面线按各控制站最大日平均流量的频率设计值推算；各支流同样按支流控制站频率设计流量值推算。

初步设计阶段三峡库区干流回水计算成果见表 2.3 和图 2.1。

表 2.3　三峡库区干流回水计算成果

编号	断面	距坝里程/km	20 年一遇		5 年一遇	
			天然水位/m	计算回水水位/m	天然水位/m	计算回水水位/m
1	三斗坪	0.0	74.2	175.0	71.1	175.0
2	太平镇	7.0	76.5	175.0	74.0	175.0
3	秭归县	37.6	92.4	175.0	88.7	175.0
4	巴东县	72.5	104.4	175.0	100.6	175.0
5	巫山县	124.2	124.0	175.1	118.7	175.1
6	奉节县	162.2	132.1	175.2	126.3	175.1
7	云阳县	223.7	136.0	175.2	130.5	175.1
8	双江镇	248.4	137.6	175.2	132.2	175.1
9	万县	281.3	139.8	175.2	134.6	175.1

续表

编号	断面	距坝里程/km	20 年一遇		5 年一遇	
			天然水位/m	计算回水水位/m	天然水位/m	计算回水水位/m
10	忠县	370.3	149.0	175.3	144.4	175.1
11	丰都县	429.0	154.1	175.3	150.0	175.1
12	清溪场	472.5	163.7	175.5	159.8	175.2
13	涪陵站	483.0	165.5	175.6	161.4	175.3
14	李渡镇	493.9	169.4	175.7	165.1	175.4
15	长寿区	527.0	176.6	177.6	172.3	175.6
16	芝麻坪	539.1	178.6	179.4	174.3	175.8
17	杨家湾	544.7	179.6	180.3	175.6	176.1
18	木洞	565.7	183.0	183.5	178.8	179.3
19	温家沱	570.0	183.7	184.2	179.6	180.0
20	大塘坝	573.9	184.5	185.0	180.4	180.7
21	弹子田	579.6	185.7	186.0	—	—
22	广阳坝	583.8	—	—	—	—
23	生基塘	593.5	—	—	—	—

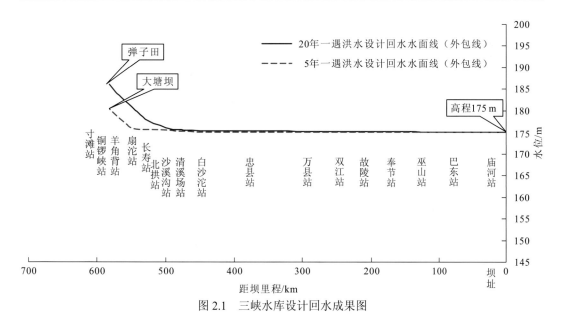

图 2.1　三峡水库设计回水成果图

2.3　三峡水库回水淹没处理

三峡水库淹没处理及移民安置涉及范围广、移民数量大、项目多、持续时间长，是一项复杂的系统工程（齐美苗和蒋建东，2012；石伯勋 等，2011；尹忠武和袁永源，2003）。根据《长江三峡工程初步设计水库淹没实物指标调查报告》（1993 年）、《长江三峡工程技术丛书 三峡工程移民研究》（1997 年）和《长江三峡工程库区重庆市淹没处理及移民安置规划报告》（1997 年），三峡库区淹没处理标准如下。

（1）人口、房屋：移民线为坝前正常蓄水位 175 m 加 2 m 风浪浸没影响，接 20 年一遇洪水和 11 月 20 年一遇来水的回水水面线。根据《长江三峡工程库区重庆市淹没处理及移民安置规划报告》，三峡水库移民线为坝前 177 m 高程接 20 年一遇洪水回水水面线。三峡水库移民线末端位于距坝址 579.6 km 的弹子田断面，对应高程为 186.0 m。

（2）土地（耕地、河滩地、园地）：土地线为坝前正常蓄水位 175 m 接 5 年一遇洪水和 11 月 5 年一遇来水的回水水面线。根据《长江三峡工程库区重庆市淹没处理及移民安置规划报告》，三峡水库土地线为坝前 175 m 接 5 年一遇洪水回水水面线。三峡水库土地线末端位于距坝址 573.9 km 的大塘坝断面，对应高程为 180.7 m。

（3）林地：正常蓄水位 175 m。

（4）工矿企业：按原国家计划委员会、原国家基本建设委员会、财政部颁发的划分企业大、中、小型标准，中、小型企业（含乡镇企业）和大型企业的附属设施为 20 年一遇，与移民线相同；大型企业的主要车间为坝前 177 m 接 100 年一遇洪水的回水水面线。

（5）专业项目：包括公路、码头、电力、邮电通信、广播、文物古迹、水文站网等，淹没处理标准为 20 年一遇，与移民线相同。

（6）滑坡、塌岸影响：经地质部门鉴定确认的受水库淹没影响可能产生的滑坡、塌岸，由水利部长江水利委员会地质专业部门根据长期工作的成果现场圈定。

初步设计阶段的土地线和移民线计算成果见表 2.4 和图 2.2。

表 2.4　三峡水利枢纽初步设计阶段水库土地线与移民线成果表

编号	断面	距坝里程/km	20 年一遇 计算回水水位/m	移民线/m	5 年一遇 计算回水水位/m	土地线/m
1	三斗坪	0.0	175.0	177.0	175.0	175.0
2	太平镇	7.0	175.0	177.0	175.0	175.0
3	秭归县	37.6	175.0	177.0	175.0	175.0
4	巴东县	72.5	175.0	177.0	175.0	175.0
5	巫山县	124.2	175.1	177.0	175.1	175.1
6	奉节县	162.2	175.2	177.0	175.1	175.1
7	云阳县	223.7	175.2	177.0	175.1	175.1
8	双江镇	248.4	175.2	177.0	175.1	175.1

续表

编号	断面	距坝里程/km	20 年一遇 计算回水水位/m	移民线/m	5 年一遇 计算回水水位/m	土地线/m
9	万县	281.3	175.2	177.0	175.1	175.1
10	忠县	370.3	175.3	177.0	175.1	175.1
11	丰都县	429.0	175.3	177.0	175.1	175.1
12	清溪场	472.5	175.5	177.0	175.2	175.2
13	涪陵	483.0	175.6	177.0	175.3	175.3
14	李渡镇	493.9	175.7	177.0	175.4	175.4
15	长寿区	527.0	177.6	177.6	175.6	175.6
16	芝麻坪	539.1	179.4	179.4	175.8	175.8
17	杨家湾	544.7	180.3	180.3	176.1	176.1
18	木洞	565.7	183.5	183.5	179.3	179.3
19	温家沱	570.0	184.2	184.2	180.0	180.0
20	大塘坝	573.9	185.0	184.9	180.7	180.7
21	弹子田	579.6	186.0	186.0		

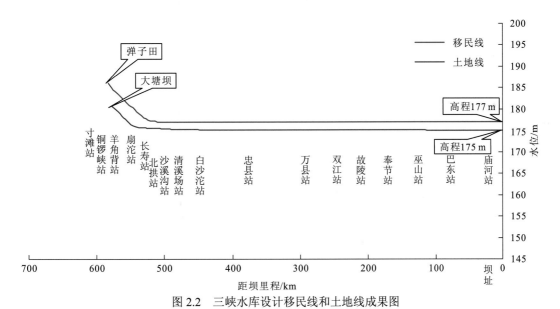

图 2.2　三峡水库设计移民线和土地线成果图

根据移民安置规划，淹没影响涉及的指标包括：总人口 124.55 万人，其中农村移民 55.10 万人，县城（城市）移民 55.71 万人，集镇移民 13.01 万人，工矿企业 0.73 万人；房屋面积 3 473.15 万 m²；耕园地 41.83 万亩①（耕地 25.26 万亩，园地 10.83 万亩，河滩地 5.74

---

① 1 亩 ≈ 666.67 m²。

万亩）；专业设施水电站 114 处（不含汛后回水影响，下同），输电线 1 991.1 杆·km，等级公路 815.6 km，邮电通信线路 3 413 杆·km，广播线路 4 478.3 杆·km，抽水站 139 处，码头 655 处，工矿企业 1 632 家。

移民工程验收结果表明，移民安置规划任务全面完成，累计搬迁库区城乡移民 129.64 万人，其中农村移民 55.07 万人，城集镇移民 73.84 万人，中央直属企业和香溪河矿务局 0.73 万人（非中央直属企业户口在厂人口计入城集镇移民）。复建各类房屋 5 054.76 万 m²。完成迁建城市 2 座、县城 10 座、集镇 106 座（其中合并迁建 8 座），搬迁工矿企业 1 632 家。专业项目复建、文物保护、生态环境保护、库底清理，以及地质灾害防治、高切坡防护等规划任务全部完成。

第3章

三峡水库蓄水运用以来库区实际水面线情况

　　本章系统分析三峡水库试验性蓄水以来2009～2018年库区水面线与移民线、土地线的关系，识别库区淹没风险较大的河段。选择汛期和蓄水期的典型调度运用过程，对库区主要站点的水位过程和沿程水面线变化进行分析，结果表明，受入库流量、坝前水位、库区地形的共同影响，三峡库区存在着清溪场站至白沙沱站段和巫山站至巴东站段两处明显的壅水峡谷段，以及忠县站至奉节站段和巴东站至坝址段两处明显的平水段，其中清溪场站至白沙沱站段为入库流量和坝前水位对水面线产生的影响的关键过渡段，不同的水面线一般在该过渡段内出现交叉现象；白沙沱站以上库区的水面线变化呈河道特性，主要受入库流量影响，白沙沱站以下库段的水面线变化呈水库特性，主要受坝前水位的影响。

3.1　三峡水库蓄水运用以来调度情况

3.1.1　蓄水运用时间安排

工程初步设计阶段对三峡水库蓄水运用的时间安排为：2003 年水库开始蓄水至 135 m，进入围堰发电期；2007 年蓄水位升至 156 m，进入初期运行期。水库蓄水位从 156 m 上升至正常蓄水位 175 m 的时间，可根据移民安置情况、库尾泥沙淤积实际观测成果及重庆港泥沙淤积影响处理等相机确定，初步设计暂定为 6 年。

三峡水库 2003 年 6 月 1 日正式下闸蓄水，6 月 10 日坝前水位蓄至 135 m，同年 11 月水库蓄水至 139 m。围堰发电期运行水位为 135～139 m，至此汛期按 135 m 运行，枯季按 139 m 运行，工程开始进入围堰蓄水发电运行期。

之后，鉴于枢纽工程建设、移民安置、地质灾害治理等各方面的进度比初步设计有所提前，泥沙淤积情况明显好于初步设计预测的情况，三峡水库适时抬高汛末蓄水位。2006 年 9 月 20 日三峡水库开始二期蓄水，至 10 月 27 日 8 时蓄水至 155.36 m，至此汛期按 144 m 运行，枯水期按 156 m 运行，工程较初步设计提前一年进入初期运行期。

2008 年 8 月，三峡大坝、电站厂房（右岸电站 12 台机组全部投产）和双线五级连续船闸全部完建，具备蓄水至正常蓄水位 175 m 的条件；同时，移民工程县城和集镇迁建完成，移民安置、库区清理、地质灾害防治、水污染防治、生态环境保护、文物保护等专项，经主管部门组织验收，可满足水库蓄水至 175 m 的要求。原国务院三峡工程建设委员会（以下简称三建委）于当年 9 月 26 日批准三峡工程实施 175 m 水位试验性蓄水，标志着三峡工程由初期蓄水位 156 m 运行转入正常蓄水位 175 m 试验性运行，2008 年最高蓄水位达 172.8 m；2009 年因长江中下游地区发生旱灾，为支援抗旱，库水位蓄至 171.43 m 停止蓄水；2010 年 10 月三峡水库首次蓄水至 175 m 水位；截至 2018 年底，三峡水库已经连续 9 年蓄水至 175 m 水位。

3.1.2　蓄水运用以来水库优化调度

初步设计拟定的三峡水库正常运用方式为：每年汛期 6 月中旬～9 月底水库按防洪限制水位 145 m 运行，汛后 10 月初开始兴利蓄水，坝前水位逐步上升至 175 m，枯水期根据发电、航运的需求坝前水位逐步下降至 155 m，汛前 6 月上旬末降至 145 m。

试验性蓄水运用以来，流域经济社会的发展对三峡水库防洪、发电、航运、供水、生态等综合调度提出了更高的需求：当中下游发生中小洪水时，如何通过三峡水库拦蓄缓解下游防洪和两坝间通航的压力；如何抬升运行水位以减少机组出力受阻，提高汛期发电效益；如何控制水库水位和出力变化以适应电网运行在不同时段的负荷需求；如何提升水库蓄满率并减少库尾泥沙淤积，以确保万吨级船队直达重庆港的时间在半年内；如何考虑下游河床下切、水位下降影响，适度调整三峡水库的下泄流量，保障过坝船舶安全正常航行；如何减少水库蓄水对三口进流的影响，优化水库蓄水进程，提高枯水期长江干流的水位，维持洞庭湖与鄱阳湖两湖湖区枯水水位，并科学兼顾下游生产、生活和基本生态用水需求；如何量化长江口防范咸潮入侵对三峡水库的调度需求，适度控制咸潮入侵；如何明晰库岸稳定性对水库蓄水及消落水位升降变化速率的要求，预防库区地质灾害等。

面对外部调度条件的新变化、社会经济发展用水的新需求、调度实践出现的新问题，为明晰工程调蓄对流域的影响，满足中下游流域社会经济发展和环境保护不断提高的用水需求，针对最终规模条件下三峡水库单库调度方式、流域水库群配合三峡水库联合调度方式、拓展三峡水库综合利用效益等方面开展了大量研究。重点在于统筹水库可调水资源的综合运用，寻求在满足防洪、发电、航运综合利用设计调度任务的条件下，提升三峡工程在洪水资源利用、供水安全、减少对生态与环境影响等方面效益的有效途径，并突出流域与区域、区域与个体、上游与下游调度目标的协调，成果聚焦在拓展三峡水库防洪作用、丰富水库汛期运行水位动态控制、协调汛末兴利蓄水与枯水期消落次序、发展水生态与水环境的基础理论应用等方面（周曼和徐涛，2014；刘丹雅 等，2011）。在试验性蓄水前期，遵照三建委确定的"安全、科学、稳妥、渐进"的原则，水利部组织开展三峡水库优化调度研究，2009 年 8 月经国务院批准印发《三峡水库优化调度方案》，明确规定了"兴利调度服从防洪调度，发电调度与航运调度相互协调并服从水资源调度，提高三峡水库的综合利用效益"的调度原则。《三峡水库优化调度方案》对三峡水库汛期防洪调度、汛末蓄水调度及库水位消落调度方式开展了深入研究，对推动水库优化调度具有里程碑意义。

随着三峡水库蓄水至 175.0 m，工程达到设计阶段确定的功能，具备正常运行的条件。在《三峡水库优化调度方案》的基础上，水利部先后组织开展了"以三峡水库为核心的长江干支流控制性水库群综合调度研究""长江上游控制性水库优化调度方案编制研究"，水利部长江水利委员会和中国长江三峡集团有限公司联合组织开展了"三峡水库科学调度关键技术"系列研究，依托这些研究成果，结合三峡水库调度实践，2015 年组织编制了《三峡（正常运行期）—葛洲坝水利枢纽梯级调度规程》，其成为三峡水库正常运行条件下首部调度规程，对进一步指导三峡水库调度运行，发挥三峡工程防洪、生态、发电、航运、水资源利用等综合效益具有重要意义。

（1）兼顾城陵矶地区防洪补偿调度。针对长江中下游城陵矶地区分洪压力较大的问题，在保证遇特大洪水时荆江河段防洪安全的前提下，尽可能提高三峡工程对一般洪水的防洪作用，减少城陵矶地区的分洪量，在结合江湖关系变化的基础上，考虑上游水库群的配合，提出了三峡水库兼顾城陵矶防洪补偿调度的多区域防洪调度方式。将三峡工程的防洪库容 221.5 亿 m^3 自下而上划分为三部分：第一部分预留 145～155 m 的库容 56.5 亿 m^3，既对城陵矶防洪补偿又对荆江防洪补偿；第二部分预留 155～171 m 的库容 125.8 亿 m^3，仅对荆江防洪补偿；第三部分预留 171～175 m 的库容 39.2 亿 m^3，对荆江特大洪水进行调节。

（2）中小洪水减压调度。2009 年汛期以来，中下游地方人民政府希望三峡水库对 55 000 m^3/s 以下中小洪水进行拦蓄，以减轻下游的防汛负担。同时，航运部门针对汛期大流量中小船舶限制性通航造成的积压问题，也提出利用洪水间隙减小下泄流量、集中疏散滞留船只的需求。此外，根据 1882～2012 年宜昌站汛期流量资料统计，55 000 m^3/s 以上洪水平均每年出现天数仅为 1.3 天，而 30 000～55 000 m^3/s 的洪水平均每年出现天数多数在 30 天以上。若按照初步设计的调度方式,三峡水库防洪库容使用概率偏低。因此,考虑下游防洪、航运的现实需求,以及洪水资源化需求,三峡水库开展了中小洪水调度研究与实践。

(3)分级控制蓄水调度。初步设计安排水库汛后 10 月 1 日由汛限水位 145 m 开始蓄水,蓄水期间最小下泄流量不低于保证出力对应的流量,一般情况下,10 月底蓄至正常蓄水位 175 m。经对长江汛期洪水特性的分析,揭示了汛末发生洪水的量级和频次与主汛期之间的显著差异规律,《三峡水库优化调度方案》将蓄水时机提前至 9 月 15 日;《三峡(正常运行期)—葛洲坝水利枢纽梯级调度规程》进一步将蓄水时机提前至 9 月 10 日。但为较好地控制防洪风险和观测泥沙情况,提出分阶段、分级控制蓄水上升进程的方案。通过提前蓄水时间,拉长蓄水过程,改善初步设计调度方案可能出现的蓄水期间下泄流量较小的情况,水库的蓄满保证率大幅提升,较好地协调了水库汛末蓄水与下游用水的矛盾。

(4)汛期运行水位动态控制。三峡水库主汛期按汛限水位 145 m 运行,主汛期弃水较多、洪水资源利用水平不高是三峡水库调度运行中面临的突出问题,直接影响着工程综合效益的发挥;同时,随着流域梯级水库群的建成运行,汛末竞争性蓄水矛盾愈发突出。为此,在充分利用气象水文预报水平的基础上,研究提出风险可控的汛期运行水位动态控制技术、汛期末段防洪库容分期释放技术、水库动态蓄水调度技术。根据《三峡(正常运行期)—葛洲坝水利枢纽梯级调度规程》,在下游控制站水位和三峡水库入库流量满足一定要求的条件下,三峡水库汛期库水位可浮动至 146 m 运行;9 月上旬在确保防洪安全的前提下,采取汛期水位上浮运行的方式预存部分水量,以协调集中蓄水期水库蓄水与下游用水的矛盾。

(5)枯水期补水调度。初步设计枯水期的调度方式为,水库一般维持高水位运行,根据发电和下游航运需要水库逐步消落至 155 m。针对河口压咸、洞庭湖补水等的需要发生在 1~2 月来水最小和库水位较低时段,设置最小下泄流量为 6 000 m³/s,相对于初步设计,增加 500~700 m³/s;同时,在遇来水特枯的年份时,提出允许库水位降至 155 m 以下的方案。

(6)汛前水位消落。初步设计安排水库由消落期低水位 155 m 降至汛限水位 145 m 的时间为 6 月 1~10 日,若推迟防洪限制水位降至 145 m 的时间,可能会遭遇中下游洪水,抬高洪峰水位,在一定程度上增加长江中下游的防汛风险。研究中提出维持初步设计阶段的 6 月 10 日降至防洪限制水位的结论,但依据地质灾害防治对库水位下降速率的要求,将启动消落的时机提前至 5 月 25 日。

(7)试验性生态调度。试验性蓄水期间开展的包括促进鱼类繁殖调度、汛期沙峰调度、消落期库尾减淤调度等在内的试验性调度研究及试验,逐渐明晰了三峡水库有关生态调度的需求,编制了指导生态调度的试验方案,取得了良好的生态效益,逐步积累了经验。

总地来看,试验性蓄水以来,在确保防洪安全、风险可控、水库泥沙淤积许可的前提下,三峡水库调度保证了工程安全度汛、平稳蓄水和枯水期供水安全,不仅全面发挥了原定的防洪、发电、航运效益,而且拓展了运用功能,实施了水资源调度,开展了促进鱼类繁殖、减轻库区泥沙淤积等试验性调度,充分发挥了工程的综合效益。

同时，试验性蓄水以来实施的汛期水位上浮运用、中小洪水调度和兼顾城陵矶附近地区防洪补偿调度等优化调度方式，使水库汛期和蓄水期的实际运行水位与初步设计阶段相比有所抬高，2009～2018 年的实时调度中，三峡水库汛期最高调洪水位基本都在 150 m 以上，且多数在 155 m 以上。调度运行方式的优化使水库汛期运行水位常高于初步设计阶段的汛期运行水位，在遭遇不同频率洪水时，库区淹没的风险相应加大。

3.1.3　蓄水运用以来泥沙冲淤特性

泥沙问题是三峡工程的关键技术问题之一。在三峡工程论证阶段与初步设计阶段，泥沙问题是各方面研究的重点，涉及水库寿命、库区淹没、库尾段航道与港区的演变、坝区船闸与电站的正常运行，以及枢纽下游河床冲刷、水位降低、河道演变对防洪和航运的影响等，并直接影响三峡水库调度运行方式的优化和库区水面线的变化。

初步设计阶段，根据长江中下游防洪的需要和水库"蓄清排浑"的要求，安排三峡水库每年汛期 6 月 11 日～9 月 30 日维持汛限水位 145 m 运行，以保留防洪库容，调节可能发生的洪水，同时使库区维持较大的水面比降，以利排沙。汛后来沙少时蓄水至正常蓄水位 175 m 并发挥兴利效益，以达到水库长期使用的目的。

三峡水库入库泥沙主要来自上游金沙江、岷江、嘉陵江、乌江和沱江等河流。20 世纪 90 年代以来，受降水条件变化、水利工程拦沙、水土保持减沙和河道采砂等影响，三峡水库入库沙量减少明显。特别是进入 21 世纪后，三峡水库上游来沙的减少趋势仍然持续，入库泥沙地区组成也发生明显变化，洪水期间输沙更为集中。实测数据表明：2003～2018 年，三峡水库年均入库径流量和悬移质输沙量（以库尾干流朱沱站+支流嘉陵江北碚站+支流乌江武隆站统计）分别为 4 094 亿 m³ 和 1.54 亿 t；水沙量较论证阶段数学模型计算和物理模型试验采用的水沙系列值（1961～1970 年系列，水沙量分别为 4 196 亿 m³ 和 5.09 亿 t）分别减少 13%和 70%。同时，金沙江向家坝水库和溪洛渡水库已分别于 2012 年和 2013 年开始蓄水运用，使得金沙江进入三峡水库的泥沙量大幅度减少，2013～2018 年向家坝水库年出库沙量为 60.4 万～221 万 t，年均出库沙量为 169 万 t，较多年均值减少 99%，2013～2018 年三峡水库年均入库沙量（朱沱站+北碚站+武隆站）为 0.723 亿 t，较 2003～2012 年年均值1.902 亿 t 减少 62%。

从水库淤积来看，三峡水库蓄水运用以来，2003 年 6 月～2018 年 12 月，三峡水库入库悬移质泥沙 23.355 亿 t，出库（黄陵庙站）悬移质泥沙 5.622 亿 t，不考虑三峡库区区间来沙，水库淤积泥沙 17.733 亿 t，年均淤积泥沙近 1.14 亿 t，仅为论证阶段的 34%左右，水库排沙比为 24.1%。其中，2003 年 6 月～2006 年 8 月的围堰蓄水期，三峡水库排沙比为37.0%；2006 年 9 月～2008 年 9 月的初期蓄水期，三峡水库排沙比为 18.8%；175 m 试验性蓄水后，2008 年 10 月～2018 年 12 月，三峡水库排沙比为 18.5%。三峡水库汛期来沙量占全年的 70%～90%，保持较大的汛期排沙比对于减缓水库淤积十分重要，汛期平均水位越高，排沙比越小。三峡水库 175 m 试验性蓄水期的排沙比小于围堰蓄水期和初期蓄水期的一个重要原因就是，坝前水位偏高，特别是汛期坝前水位较之前有所提高。

3.2 试验性蓄水以来库区水面线与移民线、土地线的关系

三峡水库于 2008 年汛末开始进入 175 m 试验性蓄水运用阶段，2010 年首次蓄水至正常蓄水位 175 m。截至 2018 年汛末，已经连续 9 次蓄至正常蓄水位 175 m。以下比较分析 2009~2018 年 5~10 月库区水面线上包线与移民线、土地线的关系。

1. 2009 年库区水面线

图 3.1 为 2009 年 5~10 月库区水面线上包线与移民线和土地线的比较图，其中库区水面线上包线低于土地线。

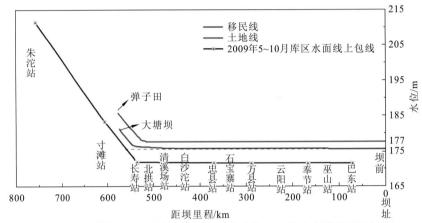

图 3.1　2009 年 5~10 月库区水面线上包线与移民线和土地线的比较图

2. 2010 年库区水面线

图 3.2 为 2010 年 5~10 月库区水面线上包线与移民线和土地线的比较图，其中库区水面线上包线略低于土地线。

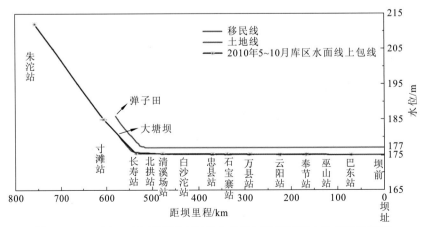

图 3.2　2010 年 5~10 月库区水面线上包线与移民线和土地线的比较图

3. 2011 年库区水面线

图 3.3 为 2011 年 5～10 月库区水面线上包线与移民线和土地线的比较图，其中库区水面线上包线低于移民线，但忠县站河段略超过土地线，忠县站水面线超过土地线的时间为 10 月 30～31 日，站点最高水位为 175.18 m，相应坝前水位与入库流量分别为 174.99 m、8 000 m³/s。

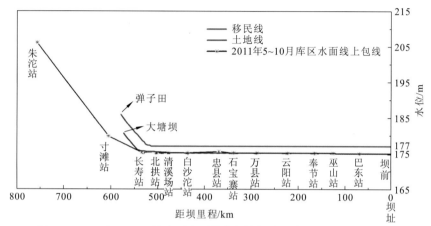

图 3.3　2011 年 5～10 月库区水面线上包线与移民线和土地线的比较图

4. 2012 年库区水面线

图 3.4 为 2012 年 5～10 月库区水面线上包线与移民线和土地线的比较图，由于 7 月中下旬发生较大的入库洪水，长寿站以上略超土地线，长寿站以下与土地线接近，但均低于移民线。长寿站水面线超土地线的时间为 7 月 25 日，最高水位为 176.01 m，相应坝前水位与入库流量为 159.86 m、65 000 m³/s。

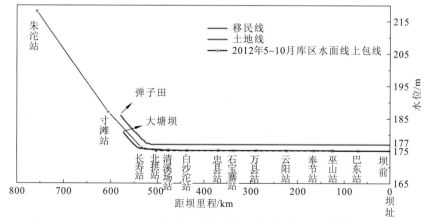

图 3.4　2012 年 5～10 月库区水面线上包线与移民线和土地线的比较图

5. 2013 年库区水面线

图 3.5 为 2013 年 5～10 月库区水面线上包线与移民线和土地线的比较图，其中库区水面线上包线均低于土地线，卫东站至大河口站段与土地线接近。

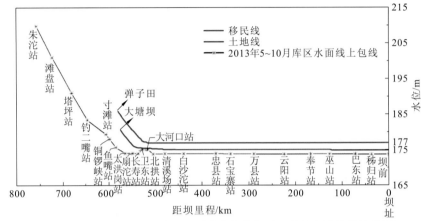

图 3.5　2013 年 5～10 月库区水面线上包线与移民线和土地线的比较图

6. 2014 年库区水面线

图 3.6 为 2014 年 5～10 月库区水面线上包线与移民线和土地线的比较图，其中库区水面线上包线低于移民线，太洪岗站至巫山站段超过土地线。主要原因为当年 10 月底水库蓄至 175.0 m 时，入库流量较大（10 月 29～31 日最大入库流量为 24 000 m^3/s），导致太洪岗站至巫山站段水面线上包线超土地线。

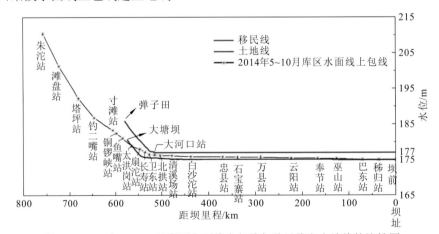

图 3.6　2014 年 5～10 月库区水面线上包线与移民线和土地线的比较图

7. 2015 年库区水面线

图 3.7 为 2015 年 5～10 月库区水面线上包线与移民线和土地线的比较图，其中库区水面线上包线低于土地线，且长寿站至坝址段与土地线接近。

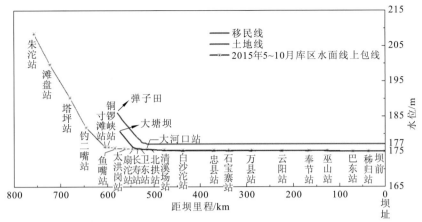

图 3.7　2015 年 5～10 月库区水面线上包线与移民线和土地线的比较图

8. 2016 年库区水面线

图 3.8 为 2016 年 5～10 月库区水面线上包线与移民线和土地线的比较图，其中库区水面线上包线低于移民线，并与土地线接近。

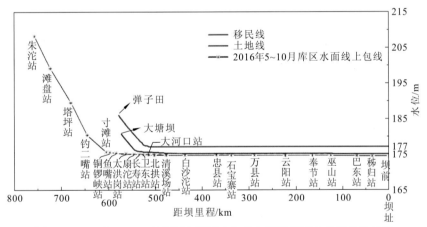

图 3.8　2016 年 5～10 月库区水面线上包线与移民线和土地线的比较图

9. 2017 年库区水面线

图 3.9 为 2017 年 5～10 月库区水面线上包线与移民线和土地线的比较图，其中库区水面线上包线低于移民线，长寿站以上河段低于土地线，长寿站至忠县站段略超土地线，忠县站至坝址段与土地线接近，主要由蓄水期 10 月上中旬水库蓄至 175.0 m 时入库流量（20 000～35 000 m³/s）较大所致。

10. 2018 年库区水面线

图 3.10 为 2018 年 5～10 月库区水面线上包线与移民线和土地线的比较图，其中库区水面线上包线低于移民线，长寿站以上河段低于土地线，长寿站至坝址段与土地线接近。

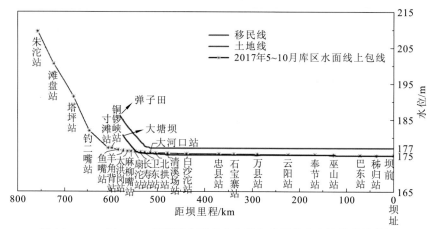

图 3.9　2017 年 5～10 月库区水面线上包线与移民线和土地线的比较图

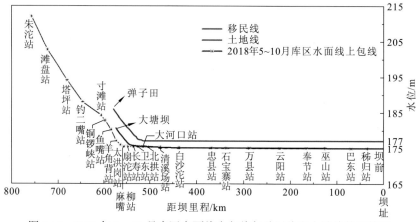

图 3.10　2018 年 5～10 月库区水面线上包线与移民线和土地线的比较图

　　整体来看,2009～2018 年三峡库区水面线上包线均没有超移民线;部分年份库段出现短时超土地线情况,如 2012 年 7 月 25 日入库洪水期间、2014 年 10 月 30 日入库洪水期间等。从河段来看,主要发生在长寿站以上河段,尤其是长寿站,如 2012 年超土地线范围为长寿站以上河段,2014 年为太洪岗站至巫山站段,2017 年为长寿站至忠县站段,可见库区淹没风险较大的河段主要在长寿站及以上河段。

　　根据上述分析,统计 2009～2018 年库区长寿站汛期水位超移民线或土地线的时间,以及相应的坝前水位和入库流量(表 3.1)。

表 3.1　长寿站水位超移民线或土地线概况

序号	超移民线/土地线时间（年-月-日）	超线时间最高水位/m	最高水位发生时刻（年-月-日 时：分）	最高水位时刻对应的坝前水位/m	最高水位时刻对应的入库流量/（m³/s）
1	2012-07-25	176.01	2012-07-25　08：00	159.86	65 000
2	2014-10-30	177.17	2014-10-30　08：00	174.88	24 000
3	2017-10-21	175.97	2017-10-21　08：00	175.00	19 500

3.3 不同运行水位对库区水面线的影响

3.3.1 典型运用过程选择

从试验性蓄水运用以来实测运用过程中选取典型运用过程，分析不同运行水位下的库区水面线及其变化过程，研究库区水面线变化与入库流量和水库调度运用之间的关系。

从 2009～2018 年三峡水库汛期实测资料来看，2012 年汛期三峡水库入库流量最大值历年中最大，汛期坝前水位最高值历年中最高，且汛期入库流量过程和水库调度过程均最为复杂。从 2009～2018 年三峡水库蓄水期实测资料来看，2014 年蓄水期三峡水库入库流量最大值历年中最大，且蓄水期间发生了两场较大洪水，汛后蓄水开始时的起蓄水位也是历年最高的，发生入库洪水时坝前水位也是历年最高的。可见，2012 年汛期和 2014 年蓄水期可作为典型洪水调度过程的代表，而 2012 年的蓄水期和 2014 年的汛期则可作为一般调度运用过程的代表。因此，选取 2012 年和 2014 年汛期与蓄水期运用过程作为典型过程对库区水面线及其变化过程进行分析。

3.3.2 典型运用过程库区主要站点水位过程变化

2012 年和 2014 年汛期与蓄水期实测典型运用过程水位、流量变化过程见图 3.11～图 3.18。

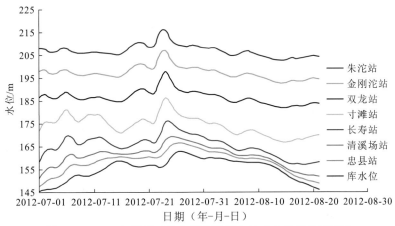

图 3.11 2012 年汛期三峡水库沿程部分站点水位变化过程图

1. 2012 年汛期

根据水利部长江水利委员会水文局《2012 年度三峡水库进出库水沙特性、水库淤积及坝下游河道冲刷分析》，2012 年 7 月开始，三峡水库进行中小洪水调度，7 月 7 日和 7 月 12 日三峡水库迎来两次洪峰，入库洪峰流量分别为 56 000 m³/s 和 55 500 m³/s，出库流量控制在 40 000 m³/s 左右，坝前水位随之上升至 158.9 m（7 月 16 日），之后坝前水位小幅

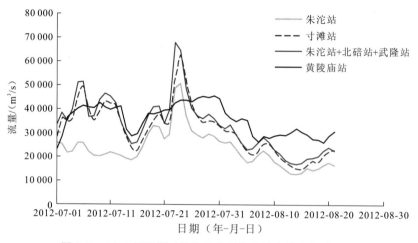

图 3.12　2012 年汛期三峡水库典型代表站流量变化过程图

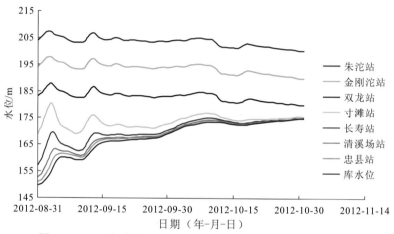

图 3.13　2012 年蓄水期三峡水库沿程部分站点水位变化过程图

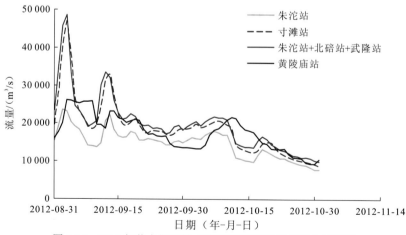

图 3.14　2012 年蓄水期三峡水库典型代表站流量变化过程图

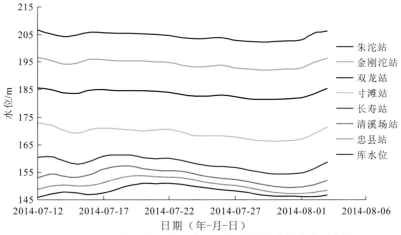

图 3.15　2014 年汛期三峡水库沿程部分站点水位变化过程图

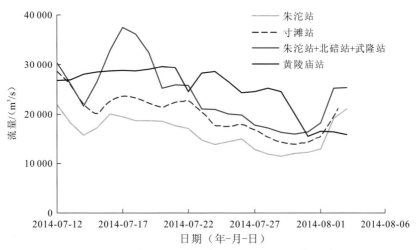

图 3.16　2014 年汛期三峡水库典型代表站流量变化过程图

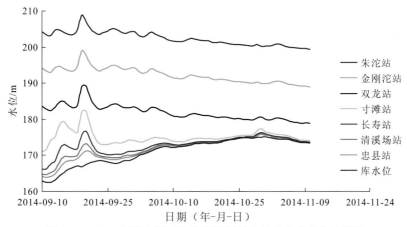

图 3.17　2014 年蓄水期三峡水库沿程部分站点水位变化过程图

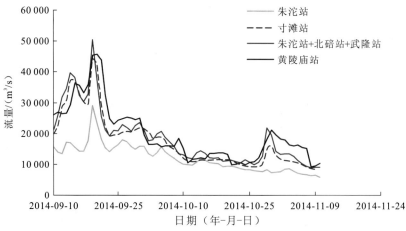

图 3.18　2014 年蓄水期三峡水库典型代表站流量变化过程图

回落至 156 m（7 月 19 日），在 7 月 24 日三峡水库迎来蓄水成库 9 年来的最强洪峰，最大入库洪峰流量达到 71 200 m³/s，三峡水库进行削峰拦洪，以 45 000 m³/s 流量下泄，至 7 月 27 日 8 时，坝前水位上升至 163.1 m，之后水库坝前水位开始消落。

图 3.11、图 3.12 分别为 2012 年 7 月 1 日～8 月 21 日汛期洪水调度期间三峡水库沿程部分站点水位和流量的变化过程图，其中朱沱站、寸滩站、朱沱站+北碚站+武隆站、黄陵庙站日均流量变化范围分别为 12 700～50 700 m³/s、14 800～63 200 m³/s、16 960～67 800 m³/s、23 200～45 500 m³/s，日均坝前水位变化范围为 145.4～162.9 m，坝前水位变幅为 17.5 m。

从库区沿程各站水位变化过程来看，沿程各站水位变化与来水量和水库调蓄关系密切。从各站水位过程线的形状来看：

（1）忠县站以下各站水位变化主要受坝前水位变化的影响，该段水位过程与坝前水位过程的相位基本相同。

（2）长寿站以上各站水位变化主要受入库流量变化的影响，该段水位过程与入库流量过程的相位基本相同。

（3）长寿站至忠县站段为过渡段，该段水位过程变化受到入库流量和坝前水位的共同影响。

（4）当 7 月 27 日坝前水位抬升至 162.9 m 时，坝前水位变化对忠县站以下河段的影响时间在 1 天以内，该库段水位过程的相位变化基本同步，坝前水位抬升对忠县站以上河段的影响则逐步减弱。

（5）从各站水位变化幅度对比来看，寸滩站水位变幅最大，变幅为 19.6 m，朱沱站水位变幅最小，变幅为 13.1 m。

2. 2012 年蓄水期

2012 年 8 月 21 日三峡水库坝前水位位于最低点 145.9 m，之后坝前水位开始进入缓慢上升期，9 月 3 日三峡水库迎来 2012 年第 4 次洪峰（51 500 m³/s），坝前水位上升至 160.1 m 后小幅回落。9 月 10 日，三峡水库正式开始汛后蓄水，至 10 月 12 日水库坝前水位升至

173.6 m，随后水库坝前水位有一个小过程的下降，至 10 月 17 日，水库坝前水位下降至
172.4 m，此后，水库坝前水位进入上升期，至 10 月 30 日 8 时蓄水过程结束，坝前水位达
到 175 m。

图 3.13、图 3.14 分别为 2012 年 8 月 31 日～10 月 31 日蓄水期间三峡水库沿程部分站
点水位和流量的变化过程图，其中朱沱站、寸滩站、朱沱站+北碚站+武隆站、黄陵庙站日
均流量变化范围分别为 7 760～23 600 m³/s、8 690～47 300 m³/s、9 913～48 580 m³/s、9 330～
26 100 m³/s，日均坝前水位变化范围为 149.8～175 m，坝前水位变幅为 25.2 m。从库区沿
程各站水位过程线的形状来看：

（1）坝前水位在 165 m 以下时，清溪场站以下各站水位变化主要受坝前水位变化的影
响，寸滩站以上各站水位变化主要受入库流量变化的影响。

（2）坝前水位抬升至 167 m 以上时，寸滩站以下各站水位变化主要受坝前水位变化的
影响，寸滩站以上各站水位变化主要受入库流量变化的影响。

（3）当 9 月 6 日坝前水位抬升至 160.1 m 时，坝前水位变化对白沙沱站以下河段的影
响时间在 1 天以内，该库段水位过程的相位变化基本同步，坝前水位抬升对白沙沱站以上
河段的影响则逐步减弱。

（4）当 10 月 10 日坝前水位抬升至 173.5 m 时，坝前水位变化对扇沱站以下河段的影
响时间在 1 天以内，该库段水位过程的相位变化基本同步。

（5）当 10 月 30 日坝前水位抬升至 175 m 时，坝前水位变化对落中子站以下河段的影
响时间在 1 天以内，该库段水位过程的相位变化基本同步。

（6）从各站水位变化幅度对比来看，坝前水位变幅最大，变幅为 25.2 m，朱沱站水位
变幅最小，变幅为 6.9 m。

3. 2014 年汛期

2014 年 7 月开始，三峡水库来水小幅增加，7 月 13 日、17 日入库洪峰流量分别为
38 000 m³/s、40 500 m³/s，由于开展中小洪水调度，坝前水位涨至 151.1 m（7 月 20 日），
8 月 2 日坝前水位又回落至 146 m。

图 3.15、图 3.16 分别为 2014 年 7 月 12 日～8 月 3 日汛期三峡水库沿程部分站点水位
和流量的变化过程图，其中朱沱站、寸滩站、朱沱站+北碚站+武隆站、黄陵庙站日均流量
变化范围分别为 11 400～21 800 m³/s、13 800～28 400 m³/s、15 860～37 370 m³/s、15 400～
29 500 m³/s，日均坝前水位变化范围为 145.9～151 m，坝前水位变幅为 5.1 m。

从库区沿程各站水位变化过程来看：

（1）长寿站以下各站水位变化主要受坝前水位变化的影响，长寿站以上各站水位变化
主要受入库流量变化的影响。

（2）当 7 月 20 日坝前水位抬升至 151 m 时，坝前水位变化对忠县站以下河段的影响
时间在 1 天以内，该库段水位过程的相位变化基本同步，坝前水位抬升对忠县站以上河段
的影响则逐步减弱。

（3）从各站水位变化幅度对比来看，沙溪沟站水位变幅最大，变幅为 8.2 m，小南海
站水位变幅最小，变幅为 3.9 m。

4. 2014 年蓄水期

2014 年 9 月 15 日三峡水库启动 175 m 试验性蓄水，起始库水位为 165.1 m，9 月中旬长江上游出现秋汛，9 月 20 日三峡水库迎来 2014 年最大洪峰，入库洪峰流量高达 55 000 m³/s，9 月 23 日库水位上升至 168.5 m，至 10 月 31 日 10 时坝前水位达到 175 m。

图 3.17、图 3.18 分别为 2014 年 9 月 10 日～11 月 10 日三峡水库沿程部分站点水位和流量的变化过程图，其中朱沱站、寸滩站、朱沱站+北碚站+武隆站、黄陵庙站日均流量变化范围分别为 5 870～29 000 m³/s、8 260～44 600 m³/s、8 877～50 400 m³/s、9 230～45 700 m³/s，日均坝前水位变化范围为 162.4～175 m，坝前水位变幅为 12.6 m。

从 9 月 20 日洪水沿程各站最高洪水位出现时间来看，双龙站以上各站最高洪水位出现在 9 月 19 日，与朱沱站和寸滩站洪峰流量出现时间一致。双龙站与双江站之间各站最高洪水位均出现在 9 月 20 日，与清溪场站和万县站洪峰流量出现时间一致。位于双江站以下的故陵站与巫山站之间的各站最高洪水位均出现在 9 月 21 日，巫山站以下的巴东站与坝址之间的各站最高洪水位均出现在 9 月 23 日。9 月 19～23 日，坝前水位从 166.6 m 抬升至 168.5 m，水位抬升 1.9 m，可见在坝前水位抬升不大而入库流量较大时坝前水位影响范围仅在巴东站以下库段。

10 月 30 日入库洪水达到汛后 5 年一遇标准，双龙站以上各站最高洪水位出现在 10 月 29 日，与朱沱站洪峰流量出现时间一致。双龙站与巫山站之间各站最高洪水位均出现在 10 月 30 日，巫山站以下的巴东站与坝址之间的各站最高洪水位均出现在 10 月 31 日。10 月 29～30 日，坝前水位从 174.9 m 抬升至 175 m，水位抬升 0.1 m，此时坝前水位影响范围也仅在巴东站以下库段。从各站水位变化幅度对比来看，坝前水位变幅最大，变幅为 12.6 m，朱杨溪站水位变幅最小，变幅为 6.9 m。

3.3.3　典型运用过程库区沿程水面线及其变化

选取 2012 年汛期和蓄水期、2014 年蓄水期作为典型运用过程，对库区沿程水面线及其变化进行分析。

1. 2012 年汛期

图 3.19 为 2012 年汛期 7 月 12～27 日坝前水位抬升过程的库区水面线变化图，寸滩站日均流量变化范围为 31 200～63 200 m³/s，日均坝前水位变化范围为 154.35～162.95 m。从水面比降来看，由于入库流量较大，库区清溪场站至白沙沱站段和巫山站至巴东站段两处峡谷段的水面比降增大最为明显，主要原因为这两处峡谷段造成了水位的明显壅高。坝前水位不变时，库区水面比降与流量呈正相关关系，入库流量不变时，库区水面比降与坝前水位呈负相关关系，即入库流量与坝前水位对库区水面比降所起的作用是一正一负的。清溪场站至白沙沱站段为入库流量和坝前水位对水面线影响的关键过渡段，该段以上水面线主要受流量影响，水面线变化呈河道特性，入库流量越大，水面线越高；该段以下水面

线主要受坝前水位影响，水面线变化呈水库特性，坝前水位越高，水面线越高，不同水面线一般在该过渡段内出现交叉现象。

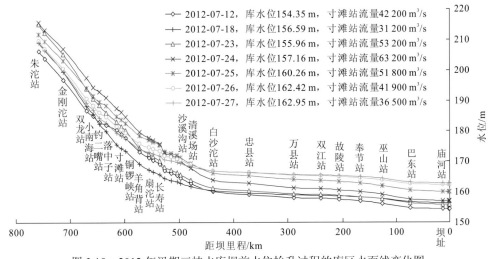

图 3.19　2012 年汛期三峡水库坝前水位抬升过程的库区水面线变化图

　　图 3.20 为 2012 年汛期 8 月 3～20 日坝前水位下降过程的库区水面线变化图，寸滩站日均流量变化范围为 15 100～29 600 m³/s，日均坝前水位变化范围为 147.13～159.78 m。从水面比降来看，由于坝前水位处于持续下降状态，巫山站至巴东站段的壅水作用主要发生在入库流量较大的 8 月 3 日和坝前水位较低的 8 月 20 日，清溪场站至白沙沱站段在寸滩站流量为 20 000 m³/s（对应清溪场站流量 22 000 m³/s）以下时壅水作用较小，寸滩站和清溪场站流量在 22 000 m³/s 以上时该段壅水作用较大。坝前水位较高而入库流量较大时，库区水面线壅水过渡段的距离会较长，如 8 月 3 日和 8 月 9 日坝前水位在 158 m 以上，寸滩站流量在 25 000 m³/s 以上时，壅水影响可达铜锣峡站附近。

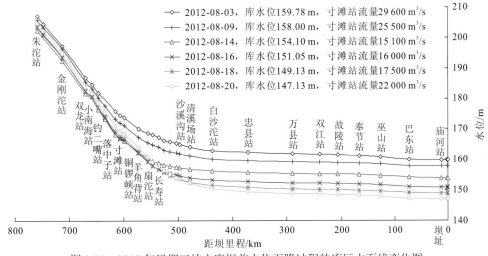

图 3.20　2012 年汛期三峡水库坝前水位下降过程的库区水面线变化图

2. 2012 年蓄水期

图 3.21 为 2012 年蓄水期 8 月 21 日～9 月 5 日坝前水位抬升过程的库区水面线变化图，寸滩站日均流量变化范围为 16 900～47 300 m³/s，日均坝前水位变化范围为 146.21～159.73 m。从水面比降来看，由于坝前水位处于持续抬升状态，巫山站至巴东站段虽然有壅水作用但壅水作用并不大，而清溪场站至白沙沱站段壅水作用仍然较为明显。白沙沱站以上库段水面线变化呈河道特性，白沙沱站以下库段水面线变化呈水库特性，清溪场站至白沙沱站段为两种特性的过渡段。坝前水位较高而入库流量较大时，库区水面线壅水过渡段的距离会较长，如 9 月 5 日。

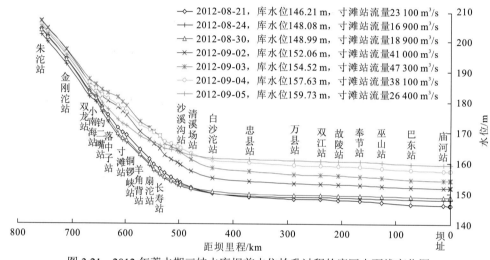

图 3.21　2012 年蓄水期三峡水库坝前水位抬升过程的库区水面线变化图

3. 2014 年蓄水期

图 3.22 为 2014 年蓄水期 9 月 17～22 日坝前水位缓慢抬升过程的库区水面线变化图，寸滩站日均流量变化范围为 22 200～44 600 m³/s，日均坝前水位变化范围为 166.61～168.17 m，坝前水位变幅为 1.56 m。从水面比降来看，由于坝前水位处于缓慢抬升状态，库区壅水段主要出现在巫山站至巴东站段和清溪场站至白沙沱站段两个峡谷段，由于坝前水位较高且抬升速度较慢，入库流量较大是两个峡谷段发生明显壅水的主要原因。白沙沱站以上库段水面线变化呈河道特性，白沙沱站以下库段水面线变化呈水库特性，清溪场站至白沙沱站段为两种特性的过渡段。由于入库流量较大，库区各水面线壅水过渡段的距离较短。

图 3.23 为 2014 年蓄水期 10 月 1～31 日坝前水位抬升过程的库区水面线变化图，寸滩站日均流量变化范围为 9 630～21 300 m³/s，日均坝前水位变化范围为 168.96～175.00 m，坝前水位变幅为 6.04 m。从水面比降来看，由于坝前水位较高、坝前水位处于持续抬升状态且入库流量较小，巫山站至巴东站段和清溪场站至白沙沱站段两个峡谷段均无壅水作用，库区各水面线无明显的壅水过渡段，库区水面线接近水平。

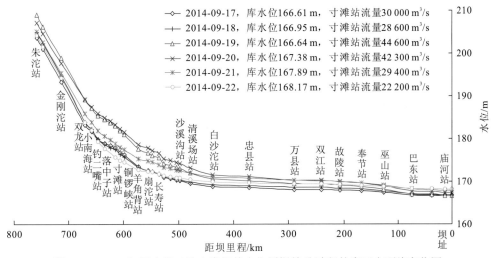

图 3.22　2014 年蓄水期三峡水库坝前水位缓慢抬升过程的库区水面线变化图

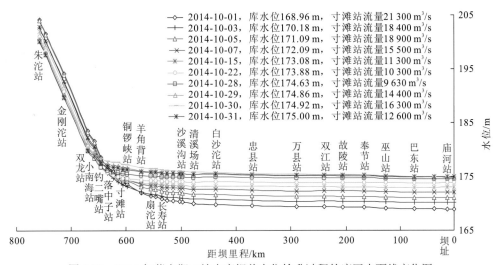

图 3.23　2014 年蓄水期三峡水库坝前水位抬升过程的库区水面线变化图

　　三峡水库典型运用过程库区水面线及其变化分析结果表明，受入库流量、坝前水位、库区地形的共同影响，三峡库区存在着清溪场站至白沙沱站段和巫山站至巴东站段两处明显的壅水峡谷段，以及忠县站至奉节站段和巴东站至坝址段两处明显的平水段，其中清溪场站至白沙沱站段为入库流量和坝前水位对水面线产生的影响的关键过渡段，不同水面线一般在该过渡段内出现交叉现象；白沙沱站以上库区水面线变化呈河道特性，主要受入库流量影响，白沙沱站以下库段水面线变化呈水库特性，主要受坝前水位影响。巫山站至巴东站段壅水作用主要发生在寸滩站 30 000 m³/s 及以上流量，清溪场站至白沙沱站段壅水作用主要发生在寸滩站 20 000 m³/s 及以上流量，寸滩站流量不超过 20 000 m³/s 时白沙沱站以下库段的水面线接近水平。

　　从淹没类型来看，对于陡涨陡落的单峰型入库洪水，三峡水库汛期产生的库区淹没一般为库尾局部地区的临时淹没,汛末产生的库区淹没虽然也是临时淹没,但淹没范围较大,故坝前水位是影响库区淹没范围的主要因素,库尾淹没深度则是由入库流量和坝前水位共同决定的。

因此,随着三峡水库运用条件和调度方式的变化,为充分发挥三峡工程综合调度能力,提高对不同类型洪水的防洪减压作用,亟须在已有研究的基础上构建水库洪水演进计算模型,快速、准确地预测库区可能发生的淹没风险,在汛期洪水调度期间、汛后蓄水阶段应密切注意水库来水,根据水文预报提前采取调度措施,降低库区淹没风险。

第4章

水库洪水演进计算模型

三峡水库为河道型水库，具有库区河道长、区间面积大、入汇支流多、支流库容大等特点，干支流水文站难以实现入库水量的精确控制，库区断面地形也难以准确反映全部库容，流量闭合问题和库容闭合问题都会相应影响模型计算精度。为解决模型计算精度问题，以尽可能准确地开展库区水面线模拟计算，本章建立三峡水库一维非恒定流洪水演进计算模型，在库容闭合计算和区间流量计算方面对所建模型进行改进，提出断面法水位库容曲线修正、区间流量水动力学模型反算与空间分配等模型改进新方法，以提升模拟精度。同时，为提高模型粗糙系数率定的准确性，采用三峡水库建库后实测水位流量资料对模型进行率定和验证。模型成功应用于三峡水库洪水水面线计算、淹没可控的临界水位及流量约束指标研究、库区淹没影响研究等。

4.1　水库洪水演进计算模型的构建

三峡水库属于河道型水库，库区沿程水面比降变化较明显。初步设计阶段，三峡库区回水曲线采用通用的恒定非均匀渐变流方法进行推算。恒定非均匀渐变流方法是最基本的水面线计算方法，其基本公式为水流连续方程和谢才公式的组合。其优点是计算简单、快速、针对性强，适合于规划与设计阶段的库区回水水面线确定，对于实现工程开发任务、合理确定工程规模是合适的。

工程设计阶段库区水面线推求的主要目的是确定合理的工程规模，需要考虑的不确定性因素较多，拟定的工况往往"偏不利"，计算参数也在合理范围内"偏安全"取值，留有一定的裕度。对于实时水面线的模拟而言，恒定非均匀渐变流方法的缺点在于该方法忽略模型本构方程中时间导数项和动量项的影响，无法连续模拟多时段的洪水过程水面线，既无法考虑上一时步计算结果的影响，又无法考虑洪水传播对水面线模拟结果的影响。而水库建成后，库区内的水面加宽、水深增大，水库的边界条件和动力因素也发生变化，使水库内洪水波的传播方式、传播速度和时间也产生很大差异，所以库区水面线的精确模拟通常需要建立在水库洪水传播准确模拟的基础之上，这是恒定非均匀渐变流方法所不具备的；同时，对于入库流量变化剧烈的过程和河道地形变化显著的河段，恒定非均匀渐变流方法模拟结果的精度也较低。

总地来说，设计阶段和工程实际运行阶段由于推求库区水面线的目的不同，计算方法和处理基础数据等方面会存在一定差异。设计阶段由于面临的不确定性因素较多，在基础数据处理和计算方法采用上，一般采用偏保守的原则。工程实际运行阶段，面临的是水库调度决策问题，更多地是关注水面线的"过程"，有时甚至是关注某一河段的淹没历时和淹没水深等问题。非恒定流水面线推求方法更符合现实条件下调度决策分析的需要。

受出入库流量、坝前水位和库区地形等多因素影响，水库中的水流形态一般属于非恒定流范畴。本节构建一维非恒定流洪水演进计算模型，同时考虑干支流水流运动，将水库干支流河道分别视为单一河道，河道汇流点称为汊点，洪水演进计算模型包括单一河道水流运动方程、汊点连接方程和边界条件三部分。

4.1.1　模型方程

1. 单一河道水流运动方程

水流连续方程：

$$\frac{\partial A_i}{\partial t} + \frac{\partial Q_i}{\partial x} = q_{Li} \tag{4.1}$$

水流运动方程：

$$\frac{\partial Q_i}{\partial t} + \frac{\partial}{\partial x}\left(\frac{Q_i^2}{A_i}\right) + gA_i\left(\frac{\partial Z_i}{\partial x} + \frac{|Q_i|Q_i}{K_i^2}\right) + \frac{Q_i}{A_i}q_{Li} = 0 \qquad (4.2)$$

式中：下角标"i"为断面号；Q 为流量；Z 为水位；A 为过水断面面积；q_L 为河段单位长度侧向入流量；K 为断面流量模数；t 为时间；x 为沿流程坐标；g 为重力加速度。

2. 汊点连接方程

1）流量衔接条件

进出每一汊点的流量必须与该汊点内实际水量的增减率相平衡，即

$$\sum Q_i = \frac{\partial \Omega}{\partial t} \qquad (4.3)$$

式中：Ω 为汊点的蓄水量。如将该点概化为一个几何点，则 $\Omega = 0$。

2）动力衔接条件

如果汊点可以概化为一个几何点，出入各个汊道的水流平缓，不存在水位突变的情况，则各汊道断面的水位应相等，即

$$Z_i = Z_j = \cdots = \overline{Z} \qquad (4.4)$$

3. 边界条件

计算中不对某单一河道单独给出边界条件，而是将纳入计算范围的水库干支流河道作为一个整体给出边界条件，各干支流进口给出流量过程，模型出口给出水位过程、流量过程或水位流量关系。

4.1.2　数值方法

对于圣维南方程组的求解，多采用数值解法，常用的数值解法有特征线法、直接差分法和有限元法（白玉川 等，2000）。其中，直接差分法中的 Preissmann 四点隐式差分格式应用广泛，理论上可以证明该方法是无条件稳定的。本节式（4.1）、式（4.2）采用经典的 Preissmann 四点隐式差分格式离散，该差分格式中网格的距离 dx 可以是不相等的，而时间步长 dt 一般是等长的，也适应河道型水库调洪计算的特点。Preissmann 四点隐式差分格式的特点是围绕矩形网格中 M 点取偏导数并进行差商逼近，具体而言，是对邻近四点平均（或加权平均）的向前差分格式。对时间 t 的微商取相邻节点上向前时间差商的平均值，对空间 x 的微商则取相邻两层向前空间差商的平均值或加权平均值。研究任意一个矩形单元 $abcd$（图 4.1），该单元有四个格点，其中格点 a、b 处要素为已知，而格点 c、d 处要素为未知。

点 M 距离已知时层 θdt，距离未知时层 $(1-\theta)$dt，并处于距离步长中间。设每一矩形网格内的函数 f（指 Q、Z 等）呈直线变化，则 M 点的函数值 f 可以由四个顶点的函数值表示如下：

$$\begin{cases} f\big|_M = \dfrac{f_{i+1}^n + f_i^n + f_{i+1}^{n+1} + f_i^{n+1}}{4} \\[2mm] \dfrac{\partial f}{\partial x}\Big|_M = \theta\dfrac{f_{i+1}^{n+1} - f_i^{n+1}}{\mathrm{d}x} + (1-\theta)\dfrac{f_{i+1}^n - f_i^n}{\mathrm{d}x} \\[2mm] \dfrac{\partial f}{\partial t}\Big|_M = \dfrac{f_{i+1}^{n+1} + f_i^{n+1} - f_{i+1}^n - f_i^n}{2\mathrm{d}t} \end{cases} \tag{4.5}$$

式中：θ 为加权系数，$0 \leqslant \theta \leqslant 1$，通常选择大于 0.5 的数值；$i$ 为空间轴 x 方向第 i 个节点；n 为时间轴 t 方向第 n 个节点；f_i^n 为函数 f 在网格节点 (x_i, t_n) 处的要素值。

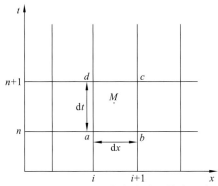

图 4.1　Preissmann 四点隐式差分格式示意图

4.1.3　模型求解

采用三级解法对水流方程进行求解，首先对水流方程式（4.1）和式（4.2）采用 Preissmann 四点隐式差分格式进行离散，可得差分方程如下：

$$B_{i1}Q_i^{n+1} + B_{i2}Q_{i+1}^{n+1} + B_{i3}Z_i^{n+1} + B_{i4}Z_{i+1}^{n+1} = B_{i5} \tag{4.6}$$

$$A_{i1}Q_i^{n+1} + A_{i2}Q_{i+1}^{n+1} + A_{i3}Z_i^{n+1} + A_{i4}Z_{i+1}^{n+1} = A_{i5} \tag{4.7}$$

式中：系数 $B_{i1} \sim B_{i5}$、$A_{i1} \sim A_{i5}$ 均按实际条件推导得出。

假设某河段中有 mL 个断面，将该河段通过差分得到的微段方程式（4.6）和式（4.7）依次进行自相消元，再通过递推关系式将未知数集中到汊点处，即可得到该河段首尾断面的水位流量关系：

$$Q_1 = \alpha_1 + \beta_1 Z_1 + \delta_1 Z_{mL} \tag{4.8}$$

$$Q_{mL} = \theta_{mL} + \eta_{mL} Z_1 + \gamma_{mL} Z_{mL} \tag{4.9}$$

式中：系数 α_1、β_1、δ_1、θ_{mL}、η_{mL}、γ_{mL} 由递推公式求解得出。

将边界条件和各河段首尾断面的水位流量关系代入汊点连接方程，就可以建立起以水库干支流河道各汊点水位为未知量的代数方程组，求解此方程组的各汊点水位，逐步回代可得到河段端点流量及各河段内部的水位和流量。

4.2　水库洪水演进计算模型的改进

4.2.1　库容闭合计算改进

与河道的洪水演进计算相比，水库的洪水演进计算受到水库调蓄计算精度的影响。三峡水库库长 660 km，区间支流众多，其中具有 2 000 万 m³ 以上库容的支流就有十多条，库区支流总库容超 60 亿 m³，而库区支流断面数量有限，许多小支流缺乏实测断面。由于实测断面有限、断面间理想棱柱体与实际地形有差别，库区干支流固定断面间所反映出来的库容往往都不等于水库实际库容，有时差别较大，进而给水库实时调度带来较大误差，这就需要通过改进模型解决水库断面计算库容与实际库容间如何闭合的问题，提高水库洪水演进计算精度。

为此，本节提出库容闭合计算改进方法：在以往考虑库区嘉陵江和乌江两大支流的基础上，进一步增加其他一些库区支流断面进行计算，如綦江、木洞河、大洪河、龙溪河、渠溪河、龙河、小江、梅溪河、大宁河、沿渡河、清港河、香溪河等 12 条支流，以尽可能多地反映支流库容的影响。对于剩下的库容不闭合的差值部分，则根据水位逐步补齐，并按静库容计算，需要补齐的这部分库容根据水位的不同形成一个水位库容修正曲线，并将这个修正库容作为一个装水的"水塘"放在位于坝前 6.5 km 的左岸太平溪处，其水位和进出流量通过与干支流整体耦合求解得出。

初步设计三峡水库正常蓄水位 175 m 对应的库容为 393 亿 m³，水利部长江水利委员会水文局以 2011 年地形为基础对三峡水库库容曲线进行复核，复核结果表明三峡水库 175 m 水位对应的库容为 409 亿 m³。本书采用 2015 年三峡库区实测断面对库容进行计算，计算结果中 175 m 水位对应的库容小于初步设计阶段结果，主要原因在于许多小支流和局部库湾缺乏实测断面等。

图 4.2 为三峡水库水位库容曲线初步设计值、2011 年地形复核计算值和 2015 年断面计算值的比较图。以 2011 年地形复核计算值为基础，对基于 2015 年断面计算出的三峡水库

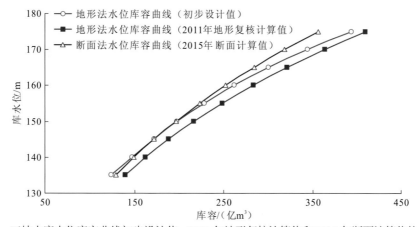

图 4.2　三峡水库水位库容曲线初步设计值、2011 年地形复核计算值和 2015 年断面计算值的比较图

水位库容曲线进行修正，图 4.3 为三峡水库 2015 年断面水位库容修正曲线图。与地形法最新复核库容相比，"干流断面法库容"修正后库容误差减小 91.3 亿 m³，库容误差相对减小 22.3%；"干流加 14 条支流断面法库容"修正后库容误差减小 52.9 亿 m³，库容误差相对减小 12.9%。

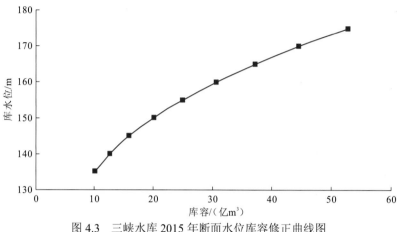

图 4.3　三峡水库 2015 年断面水位库容修正曲线图

4.2.2　区间流量计算改进

作为典型的河道型水库，三峡库区不仅有多条支流汇入长江干流，沿程 660 km 范围内也有区间入流汇入。1951～2018 年长系列实测资料统计表明，尽管寸滩站至宜昌站区间流域面积仅占长江上游的 5.6%（不含乌江），但汛期水量占宜昌站的 8.3%；在 1954 年和 1998 年两场流域型大洪水期间，区间洪水 30 天洪量占比均超过 10%。三峡库区狭长的形状造成区间源短流急的特点，区间暴雨形成的洪水可以快速汇入库区干流河道，影响库区的洪水过程。因此，在非恒定流计算中必须考虑区间流量的汇入。本模型通过将区间流量分配到各入汇支流的形式反映到计算河段，各入汇支流流量根据出、入库控制站已有实测水文资料通过水动力学模型洪水演进计算反推得到。

图 4.4～图 4.17 为 2009～2015 年三峡水库各年区间流量对出库流量计算结果影响的比较图。由图可见，不考虑区间流量时出库流量计算结果明显小于实测出库流量，其中枯水期偏差较小，汛期偏差较大，考虑区间流量后计算出库流量过程与实测出库流量过程吻合良好。以 2009 年为例，2009 年 1 月 1 日三峡水库坝前水位为 167.49 m，2009 年 12 月 31 日三峡水库坝前水位为 167.71 m。三峡水库 167.49～167.71 m 坝前水位的静库容为 1.93 亿 m³，2009 年 1 月 1 日～12 月 31 日三峡水库出库黄陵庙站实测累积水量为 3 816.6 亿 m³，不考虑区间入流时计算得到的 2009 年出库累积水量为 3 504.6 亿 m³，计算结果偏小 312 亿 m³，相对偏小 8.2%，出库总水量误差较大；考虑区间入流后计算得到的 2009 年出库累积水量为 3 848.7 亿 m³，计算结果偏大 32.1 亿 m³，相对偏大 0.84%，出库总水量误差较小。因此，本模型出库流量过程及出库水量计算结果与实测值均吻合较好，反算得到的区间入流过程结果精度较高。

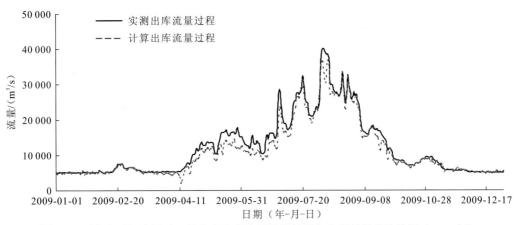

图 4.4　不考虑区间流量时三峡水库出库流量计算结果与实测结果的比较图（2009 年）

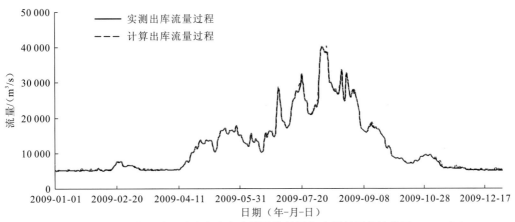

图 4.5　考虑区间流量时三峡水库出库流量计算结果与实测结果的比较图（2009 年）

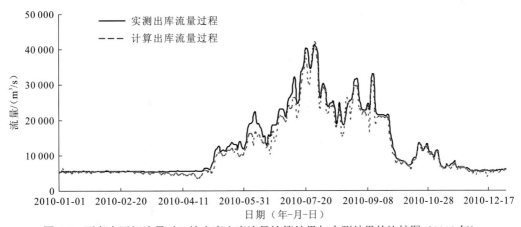

图 4.6　不考虑区间流量时三峡水库出库流量计算结果与实测结果的比较图（2010 年）

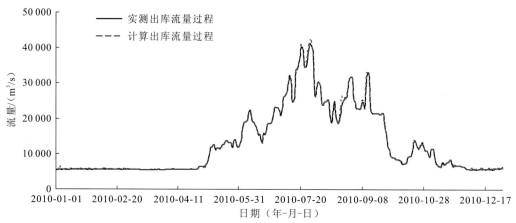

图 4.7　考虑区间流量时三峡水库出库流量计算结果与实测结果的比较图（2010 年）

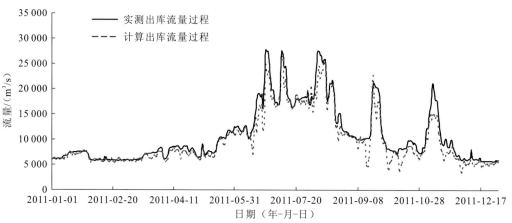

图 4.8　不考虑区间流量时三峡水库出库流量计算结果与实测结果的比较图（2011 年）

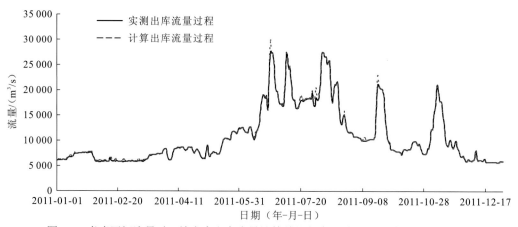

图 4.9　考虑区间流量时三峡水库出库流量计算结果与实测结果的比较图（2011 年）

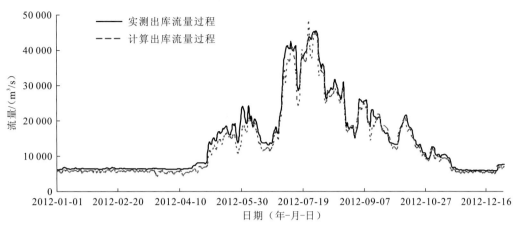

图 4.10　不考虑区间流量时三峡水库出库流量计算结果与实测结果的比较图（2012 年）

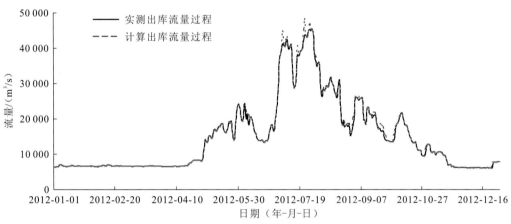

图 4.11　考虑区间流量时三峡水库出库流量计算结果与实测结果的比较图（2012 年）

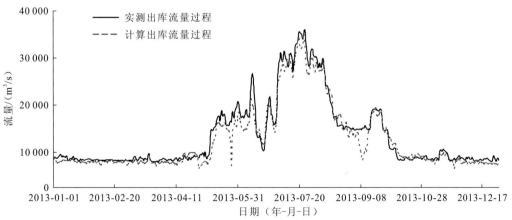

图 4.12　不考虑区间流量时三峡水库出库流量计算结果与实测结果的比较图（2013 年）

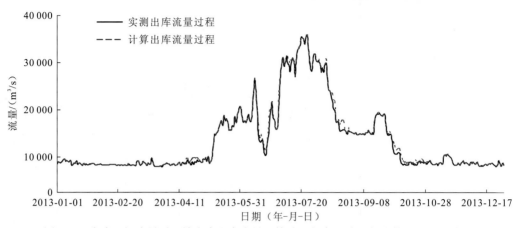

图 4.13　考虑区间流量时三峡水库出库流量计算结果与实测结果的比较图（2013 年）

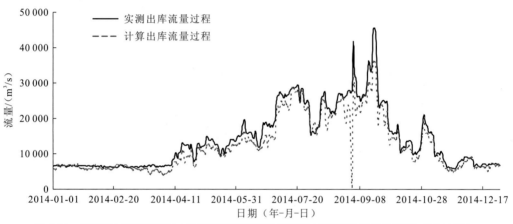

图 4.14　不考虑区间流量时三峡水库出库流量计算结果与实测结果的比较图（2014 年）

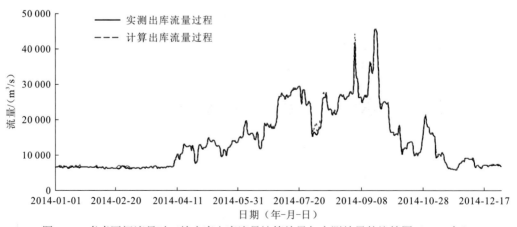

图 4.15　考虑区间流量时三峡水库出库流量计算结果与实测结果的比较图（2014 年）

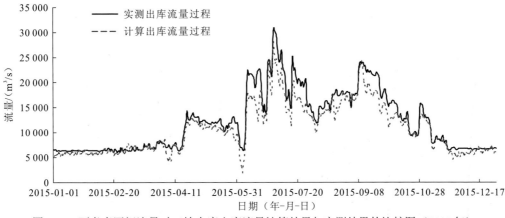

图 4.16　不考虑区间流量时三峡水库出库流量计算结果与实测结果的比较图（2015 年）

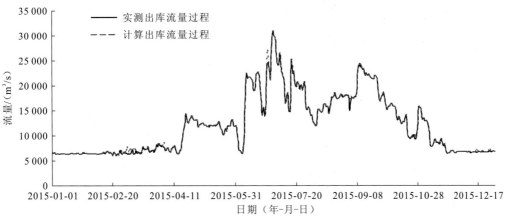

图 4.17　考虑区间流量时三峡水库出库流量计算结果与实测结果的比较图（2015 年）

4.3　模型率定与验证

　　模型的率定与验证往往是结合在一起，相互不可分割的，本节采用库区实测水位流量资料进行三峡水库一维非恒定流洪水演进计算模型的验证和粗糙系数率定。

4.3.1　长系列实测水位流量过程率定与验证

1. 验证计算条件

　　计算范围：干流朱沱站至三峡大坝坝址段，河道长约 760 km。考虑嘉陵江、乌江、綦江、木洞河、大洪河、龙溪河、渠溪河、龙河、小江、梅溪河、大宁河、沿渡河、清港河、香溪河共 14 条支流。

　　起始计算地形：采用三峡水库 2015 年实测大断面资料。

　　验证计算进出口水沙条件：进口采用干流朱沱站、嘉陵江北碚站、乌江武隆站三站

2009 年 1 月 1 日～2015 年 12 月 31 日逐日平均流量, 出口控制水位采用水库坝前逐日平均水位, 区间来流量在计算河段内通过分配到入汇支流上加入。

图 4.18 为三峡水库 175 m 试验性蓄水运用以来（2009～2015 年）坝前水位过程图。

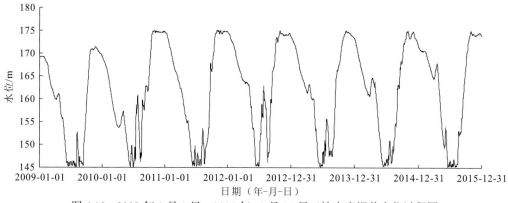

图 4.18　2009 年 1 月 1 日～2015 年 12 月 31 日三峡水库坝前水位过程图

2. 水位流量验证与粗糙系数率定

选用三峡库区沿程各主要水文（水位）站 2009～2015 年实测水位流量过程与模型的计算结果进行比较, 结果见图 4.19～图 4.36。由图可见, 模型计算的沿程各水位站、水文站洪水演进传播过程及水位变化过程与实测情况基本一致, 最高洪峰水位的出现时刻计算值与实测值几乎同步, 模型验证结果与实测值吻合较好。水位验证误差一般在 0.3 m 以内, 少数时刻误差最大可达 1 m, 一般出现在洪峰时刻。

表 4.1 给出了三峡水库 2015 年地形下干流粗糙系数率定成果。本次率定粗糙系数所用的实测资料中朱沱站最大流量为 50 700 m^3/s, 寸滩站最大流量为 63 200 m^3/s, 清溪场站最大流量为 63 000 m^3/s, 万县站最大流量为 56 900 m^3/s, 庙河站最大流量为 45 500 m^3/s。模型将大于最大实测流量的各流量级粗糙系数均取为与最大实测流量级粗糙系数相等。从各流量级粗糙系数率定结果来看, 各段粗糙系数变化规律呈现出多种类型：①随流量增大, 粗糙系数逐渐减小, 然后保持为一常数不变；②随流量增大, 粗糙系数先减小后增大, 然后保持为一常数不变；③随流量增大, 粗糙系数逐渐增大, 然后保持为一常数不变；④随流量增大, 粗糙系数先减小后增大再减小, 然后保持为一常数不变；⑤随流量增大, 粗糙系数先增大后减小, 然后保持为一常数不变。与建库前天然河道相同, 建库后依然是峡谷段粗糙系数较大, 宽谷段粗糙系数较小。

表 4.1　三峡水库 2015 年地形下干流粗糙系数率定成果

河段	流量/（m^3/s）										
	2 500	3 000	5 000	8 000	10 000	20 000	30 000	40 000	50 000	60 000	80 000
朱沱站至朱杨溪站段	0.115 5	0.092 5	0.066 5	0.052 5	0.052 5	0.040 5	0.040 5	0.035 5	0.035 5	0.035 5	0.035 5
朱杨溪站至金刚沱站段	0.040 5	0.036 5	0.033 5	0.033 5	0.033 5	0.033 5	0.033 5	0.033 5	0.035 5	0.035 5	0.035 5
金刚沱站至双龙站段	0.052 5	0.045 5	0.045 5	0.045 5	0.043 5	0.043 5	0.043 5	0.040 5	0.045 5	0.045 5	0.045 5

河段	流量/(m³/s)										
	2 500	3 000	5 000	8 000	10 000	20 000	30 000	40 000	50 000	60 000	80 000
双龙站至小南海站段	0.115 5	0.095 5	0.073 5	0.050 5	0.048 5	0.040 5	0.040 5	0.040 5	0.050 5	0.050 5	0.050 5
小南海站至钓二嘴站段	0.058 5	0.055 5	0.045 5	0.039 5	0.037 5	0.034 5	0.034 5	0.034 5	0.038 5	0.038 5	0.038 5
钓二嘴站至落中子站段	0.044 5	0.036 5	0.036 5	0.036 5	0.036 5	0.034 5	0.034 5	0.034 5	0.038 5	0.038 5	0.038 5
落中子站至鹅公岩站段	0.084 5	0.078 5	0.068 5	0.060 5	0.050 5	0.045 5	0.045 5	0.045 5	0.055 5	0.055 5	0.055 5
鹅公岩站至玄坛庙站段	0.022 5	0.022 5	0.025 5	0.030 5	0.032 5	0.035 5	0.045 5	0.045 5	0.055 5	0.055 5	0.055 5
玄坛庙站至寸滩站段	0.005 5	0.005 5	0.020 5	0.025 5	0.027 5	0.033 5	0.045 5	0.045 5	0.055 5	0.055 5	0.055 5
寸滩站至铜锣峡站段	0.050 5	0.050 5	0.040 5	0.040 5	0.040 5	0.040 5	0.045 5	0.045 5	0.045 5	0.045 5	0.045 5
铜锣峡站至鱼嘴站段	0.050 5	0.050 5	0.045 5	0.045 5	0.045 5	0.045 5	0.045 5	0.050 5	0.050 5	0.050 5	0.050 5
鱼嘴站至羊角背站段	0.045 5	0.045 5	0.045 5	0.045 5	0.045 5	0.045 5	0.045 5	0.050 5	0.050 5	0.050 5	0.050 5
羊角背站至太洪岗站段	0.037 5	0.037 5	0.037 5	0.037 5	0.034 5	0.033 5	0.033 5	0.035 5	0.035 5	0.030 5	0.030 5
太洪岗站至麻柳嘴站段	0.037 5	0.037 5	0.037 5	0.037 5	0.034 5	0.033 5	0.033 5	0.035 5	0.035 5	0.030 5	0.030 5
麻柳嘴站至扇沱站段	0.048 5	0.048 5	0.040 5	0.037 5	0.034 5	0.032 5	0.033 5	0.035 5	0.035 5	0.030 5	0.030 5
扇沱站至长寿站段	0.027 5	0.027 5	0.027 5	0.030 5	0.030 5	0.030 5	0.036 5	0.038 5	0.038 5	0.035 5	0.035 5
长寿站至卫东站段	0.033 5	0.033 5	0.033 5	0.030 5	0.030 5	0.036 5	0.040 5	0.050 5	0.050 5	0.045 5	0.045 5
卫东站至大河口站段	0.033 5	0.033 5	0.033 5	0.030 5	0.030 5	0.036 5	0.040 5	0.060 5	0.045 5	0.040 5	0.040 5
大河口站至北拱站段	0.033 5	0.033 5	0.033 5	0.030 5	0.030 5	0.036 5	0.040 5	0.060 5	0.045 5	0.040 5	0.040 5
北拱站至沙溪沟站段	0.033 5	0.033 5	0.040 5	0.040 5	0.040 5	0.040 5	0.040 5	0.055 5	0.055 5	0.055 5	0.055 5
沙溪沟站至清溪场站段	0.033 5	0.033 5	0.040 5	0.040 5	0.040 5	0.040 5	0.040 5	0.055 5	0.055 5	0.0555	0.055 5
清溪场站至白沙沱站段	0.015 5	0.015 5	0.015 5	0.020 5	0.020 5	0.040 5	0.040 5	0.045 5	0.045 5	0.0455	0.045 5
白沙沱站至洋渡站段	0.040 5	0.040 5	0.040 5	0.040 5	0.030 5	0.020 5	0.020 5	0.030 5	0.030 5	0.030 5	0.030 5
洋渡站至忠县站段	0.040 5	0.040 5	0.040 5	0.040 5	0.030 5	0.020 5	0.020 5	0.030 5	0.030 5	0.030 5	0.030 5
忠县站至万县站段	0.040 5	0.040 5	0.040 5	0.040 5	0.030 5	0.020 5	0.020 5	0.030 5	0.030 5	0.030 5	0.030 5
万县站至双江站段	0.065 5	0.065 5	0.065 5	0.055 5	0.040 5	0.033 5	0.033 5	0.030 5	0.030 5	0.030 5	0.030 5
双江站至故陵站段	0.070 5	0.070 5	0.070 5	0.070 5	0.050 5	0.033 5	0.035 5	0.030 5	0.030 5	0.030 5	0.030 5
故陵站至奉节站段	0.070 5	0.070 5	0.070 5	0.070 5	0.050 5	0.050 5	0.050 5	0.050 5	0.050 5	0.050 5	0.050 5
奉节站至黛溪站段	0.070 5	0.070 5	0.070 5	0.070 5	0.050 5	0.050 5	0.050 5	0.050 5	0.050 5	0.050 5	0.050 5
黛溪站至巫山站段	0.070 5	0.070 5	0.070 5	0.070 5	0.070 5	0.065 5	0.065 5	0.075 5	0.075 5	0.0755	0.075 5
巫山站至坝址站段	0.070 5	0.070 5	0.070 5	0.070 5	0.070 5	0.075 5	0.075 5	0.075 5	0.075 5	0.0755	0.075 5

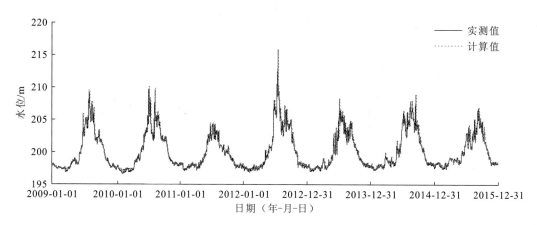

图 4.19　2009 年 1 月 1 日～2015 年 12 与 31 日朱沱站（距坝里程 757 km）水位过程验证结果

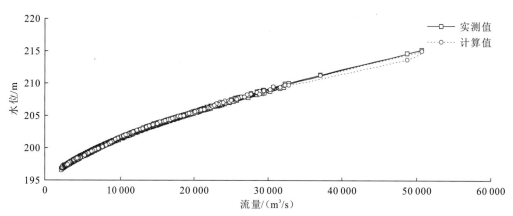

图 4.20　2009 年 1 月 1 日～2015 年 12 月 31 日朱沱站（距坝里程 757 km）水位流量关系验证结果

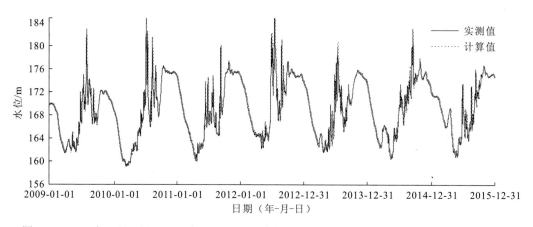

图 4.21　2009 年 1 月 1 日～2015 年 12 月 31 日寸滩站（距坝里程 606.71 km）水位过程验证结果

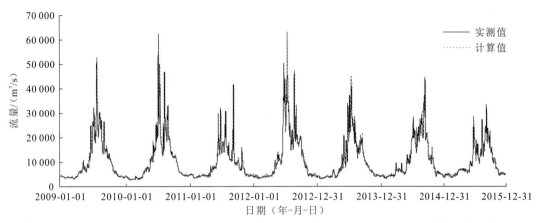

图 4.22　2009 年 1 月 1 日～2015 年 12 月 31 日寸滩站（距坝里程 606.71 km）流量过程验证结果

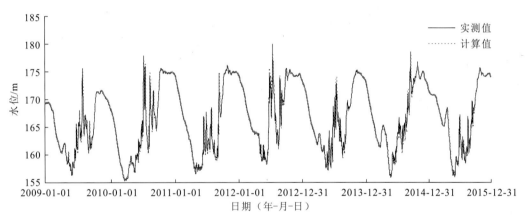

图 4.23　2009 年 1 月 1 日～2015 年 12 月 31 日羊角背站（距坝里程 573 km）水位过程验证结果

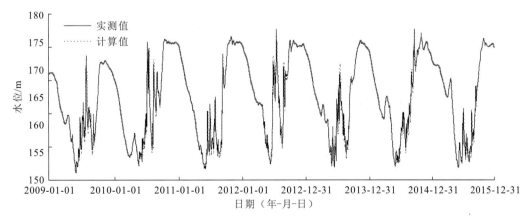

图 4.24　2009 年 1 月 1 日～2015 年 12 月 31 日扇沱站（距坝里程 547.2 km）水位过程验证结果

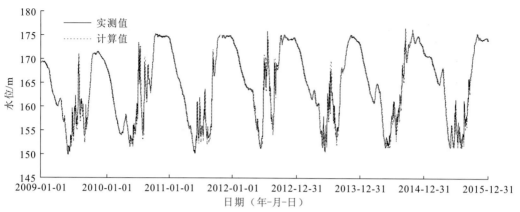

图 4.25　2009 年 1 月 1 日～2015 年 12 月 31 日长寿站（距坝里程 535.17 km）水位过程验证结果

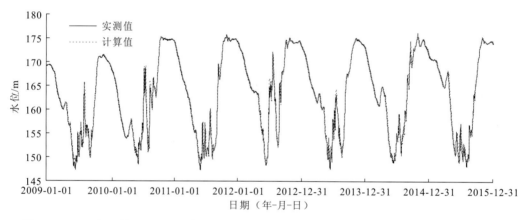

图 4.26　2009 年 1 月 1 日～2015 年 12 月 31 日北拱站（距坝里程 503.2 km）水位过程验证结果

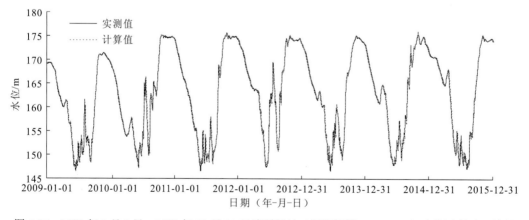

图 4.27　2009 年 1 月 1 日～2015 年 12 月 31 日清溪场站（距坝里程 477.89 km）水位过程验证结果

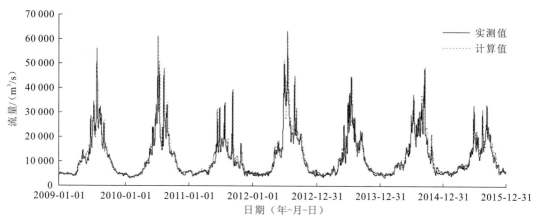

图 4.28　2009 年 1 月 1 日～2015 年 12 月 31 日清溪场站（距坝里程 477.89 km）流量过程验证结果

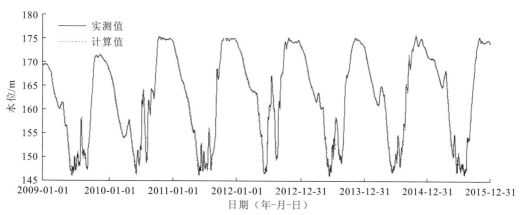

图 4.29　2009 年 1 月 1 日～2015 年 12 月 31 日白沙沱站（距坝里程 437.28 km）水位过程验证结果

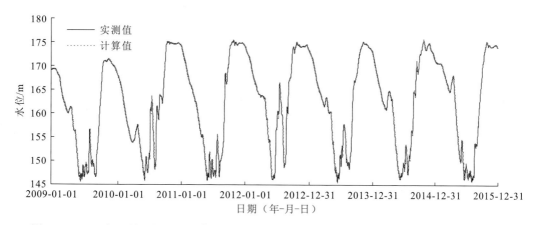

图 4.30　2009 年 1 月 1 日～2015 年 12 月 31 日忠县站（距坝里程 371 km）水位过程验证结果

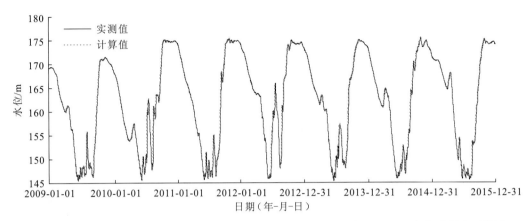

图 4.31　2009 年 1 月 1 日～2015 年 12 月 31 日万县站（距坝里程 289 km）水位过程验证结果

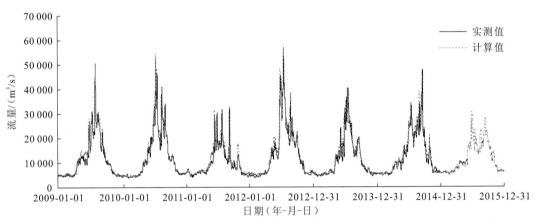

图 4.32　2009 年 1 月 1 日～2015 年 12 月 31 日万县站（距坝里程 289 km）流量过程验证结果

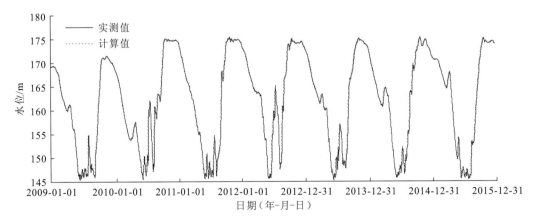

图 4.33　2009 年 1 月 1 日～2015 年 12 月 31 日奉节站（距坝里程 167 km）水位过程验证结果

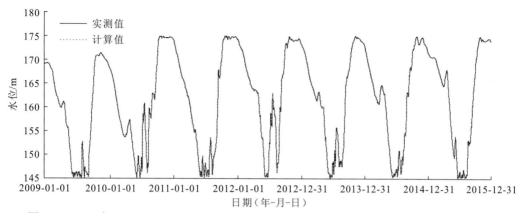

图 4.34　2009 年 1 月 1 日～2015 年 12 月 31 日庙河站（距坝里程 13 km）水位过程验证结果

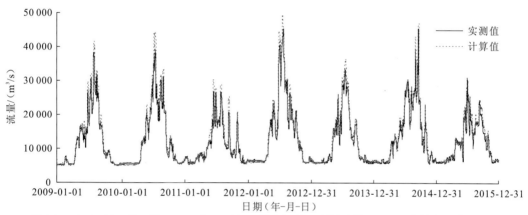

图 4.35　2009 年 1 月 1 日～2015 年 12 月 31 日庙河站（距坝里程 13 km）流量过程验证结果

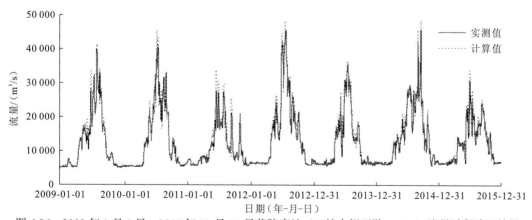

图 4.36　2009 年 1 月 1 日～2015 年 12 月 31 日黄陵庙站（三峡大坝下游 12 km）流量过程验证结果

4.3.2　实测典型洪水过程验证

2018 年 7 月长江上游发生区域性较大洪水，寸滩站最大洪峰流量为 59 300 m³/s。本节采用研发的一维非恒定流洪水演进计算模型对该场洪水三峡库区沿程各站流量和水位过程进行验证计算。

1. 计算条件

进口采用长江干流朱沱站、嘉陵江北碚站、乌江武隆站 2018 年 7 月 1 日 0 时～31 日 0 时逐时流量,出口控制水位采用三峡水库坝前水位。

图 4.37～图 4.39 分别为朱沱站、北碚站、寸滩站 2018 年 7 月 1 日 0 时～31 日 0 时流量过程图,图 4.40 为三峡水库 2018 年 7 月 1 日 0 时～31 日 0 时坝前水位过程图。

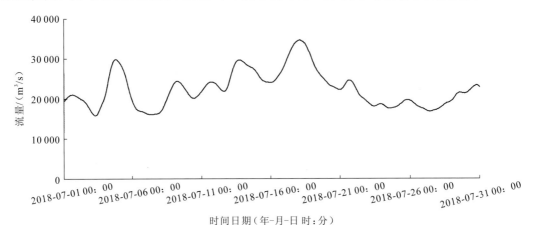

图 4.37　2018 年 7 月 1～31 日朱沱站流量过程图

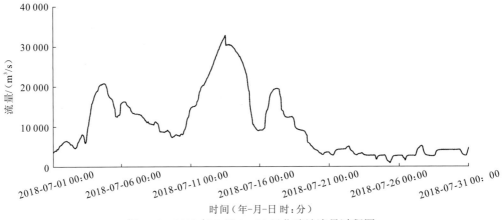

图 4.38　2018 年 7 月 1～31 日北碚站流量过程图

2. 水位流量验证分析

选用三峡库区沿程各主要水文(水位)站 2018 年 7 月 1 日 0 时～26 日 0 时最大入库洪峰洪水过程结果对模型进行验证,验证结果见表 4.2 和图 4.41～图 4.54。由表 4.2 可见,沿程最高洪水位验证计算最大误差为 0.23 m,变动回水区最高洪水位的相位误差一般在 6 h 以内。由图 4.41～图 4.54 可见,模型计算的沿程各水位站、水文站洪水演进传播过程及水位变化过程与实测情况基本一致,模型验证结果与实测值吻合较好。

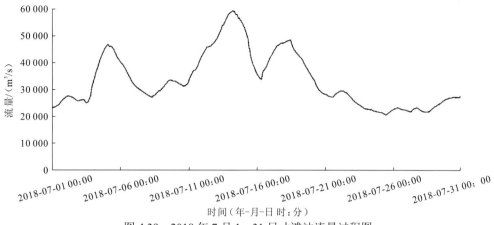

图 4.39　2018 年 7 月 1～31 日寸滩站流量过程图

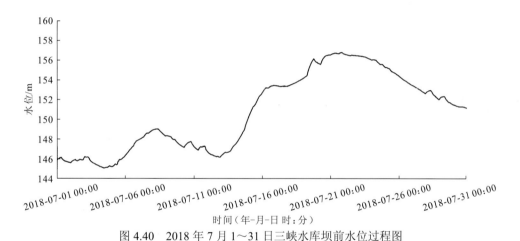

图 4.40　2018 年 7 月 1～31 日三峡水库坝前水位过程图

表 4.2　2018 年 7 月三峡水库最大入库洪峰洪水过程沿程各站最高洪水位验证结果

水文（水位）站	水位/m		水位误差（绝对值）/m	出现时间	
	实测值	计算值		实测值	计算值
寸滩站	184.14	184.04	-0.10	7 月 14 日 6 时	7 月 14 日 9 时
铜锣峡站	182.74	182.59	-0.15	7 月 14 日 6 时	7 月 14 日 11 时
鱼嘴站	180.06	179.88	-0.18	7 月 14 日 8 时	7 月 14 日 12 时
羊角背站	177.16	177.31	+0.15	7 月 14 日 10 时	7 月 14 日 14 时
太洪岗站	175.94	176.04	+0.10	7 月 14 日 10 时	7 月 14 日 14 时
麻柳嘴站	174.91	175.08	+0.17	7 月 14 日 14 时	7 月 14 日 15 时
扇沱站	173.90	174.03	+0.13	7 月 14 日 13 时	7 月 14 日 17 时
长寿站	172.34	172.47	+0.13	7 月 14 日 13 时	7 月 14 日 17 时
卫东站	169.84	170.03	+0.19	7 月 14 日 18 时	7 月 14 日 20 时

续表

水文（水位）站	水位/m		水位误差（绝对值）/m	出现时间	
	实测值	计算值		实测值	计算值
大河口站	168.47	168.62	+0.15	7 月 14 日 20 时	7 月 15 日 1 时
北拱站	167.45	167.58	+0.13	7 月 14 日 21 时	7 月 15 日 1 时
沙溪沟站	166.40	166.58	+0.18	7 月 14 日 21 时	7 月 15 日 3 时
清溪场站	163.66	163.89	+0.23	7 月 15 日 4 时	7 月 15 日 7 时
白沙沱站	159.51	159.67	+0.16	7 月 15 日 12 时	7 月 15 日 12 时
忠县站	158.06	158.18	+0.12	7 月 15 日 19 时	7 月 15 日 15 时
万县站	156.73	156.83	+0.10	7 月 16 日 10 时	7 月 15 日 21 时
奉节站	156.23	156.29	+0.06	7 月 16 日 9 时	7 月 15 日 23 时
巴东站	153.88	153.98	+0.10	7 月 16 日 20 时	7 月 16 日 20 时
庙河站	153.47	153.53	+0.06	7 月 16 日 21 时	7 月 16 日 21 时

注：寸滩站 7 月 14 日 6 时最大洪峰流量为 59 300 m³/s。

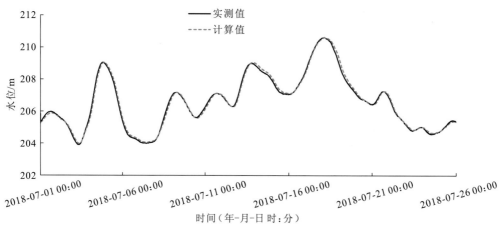

图 4.41　2018 年 7 月 1～26 日朱沱站水位过程验证结果

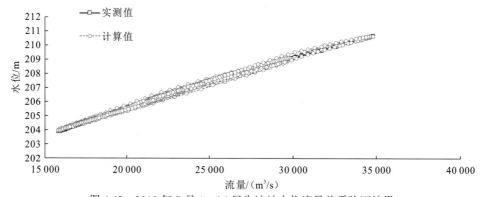

图 4.42　2018 年 7 月 1～26 日朱沱站水位流量关系验证结果

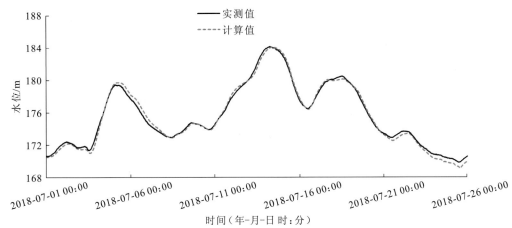

图 4.43　2018 年 7 月 1～26 日寸滩站水位过程验证结果

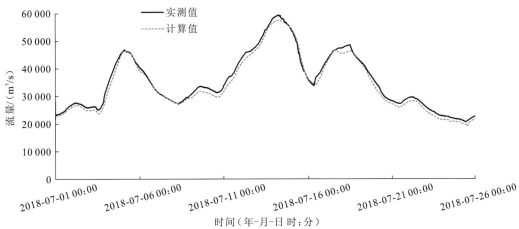

图 4.44　2018 年 7 月 1～26 日寸滩站流量过程验证结果

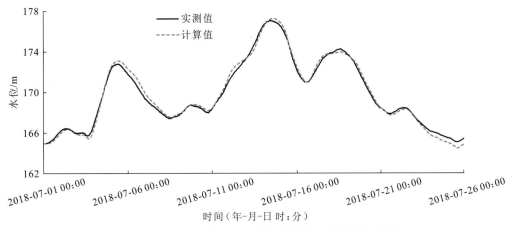

图 4.45　2018 年 7 月 1～26 日羊角背站水位过程验证结果

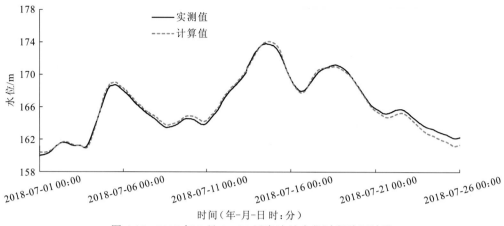

图 4.46   2018 年 7 月 1～26 日扇沱站水位过程验证结果

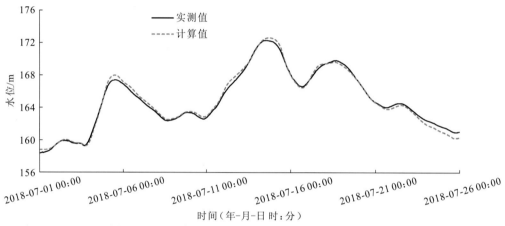

图 4.47   2018 年 7 月 1～26 日长寿站水位过程验证结果

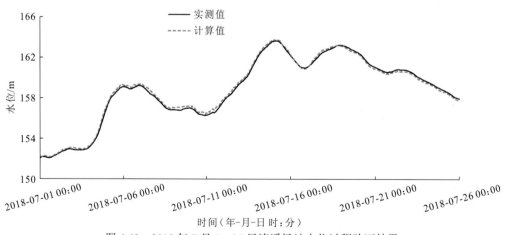

图 4.48   2018 年 7 月 1～26 日清溪场站水位过程验证结果

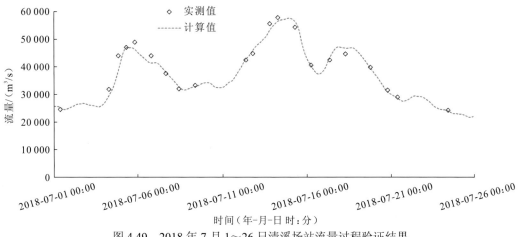

图 4.49 2018 年 7 月 1～26 日清溪场站流量过程验证结果

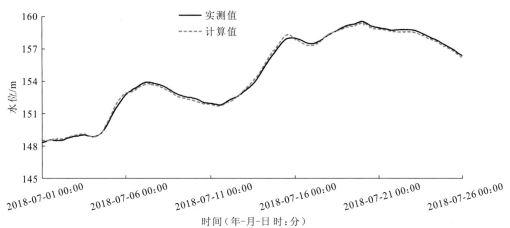

图 4.50 2018 年 7 月 1～26 日忠县站水位过程验证结果

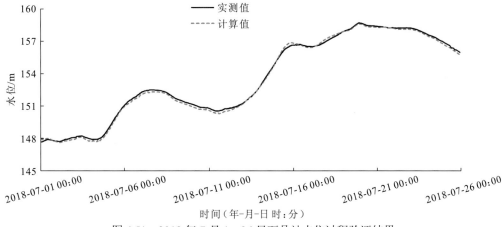

图 4.51 2018 年 7 月 1～26 日万县站水位过程验证结果

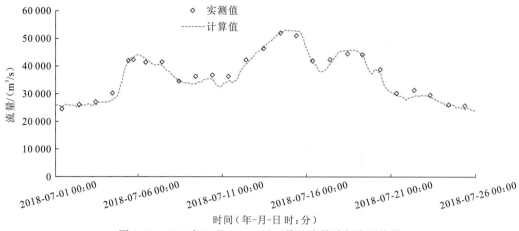

图 4.52　2018 年 7 月 1～26 日万县站流量过程验证结果

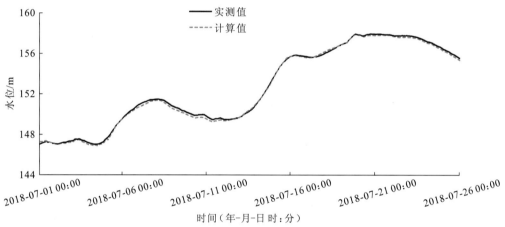

图 4.53　2018 年 7 月 1～26 日奉节站水位过程验证结果

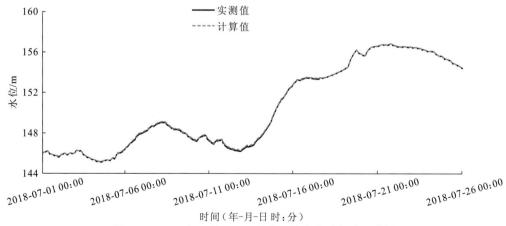

图 4.54　2018 年 7 月 1～26 日庙河站水位过程验证结果

第 5 章

三峡水库库尾水位流量关系 及行洪能力变化

　　三峡水库库尾河段分布着许多城镇，为系统分析库尾水位流量关系及行洪能力的变化，本章以坝前水位为参数，对建库后库尾控制站点的水位、流量数据进行分类，通过不断细化坝前水位分组，确定是否受顶托影响的临界坝前水位，并分级分析受顶托影响的水位流量关系，定量研究库尾水位流量关系受坝前水位顶托的影响。

　　基于建库后的实测断面和地形数据，分析蓄水运用后库尾断面在不同水深条件下的断面面积等变化，揭示库尾河段比降变化特征，研究提出库尾河段控制断面水位-面积、水位-平均流速等关系。在此基础上，研究各控制断面同水位下的流量变化，即不同坝前水位下的行洪能力变化，揭示三峡水库蓄水运用后典型控制断面的行洪能力演变规律。

5.1　三峡水库回水末端

5.1.1　研究方法

根据《水电工程建设征地处理范围界定规范》（NB/T 10338—2019），将同流量级回水水面线与天然水面线差值为 0.3 m 处作为水库回水末端。在此基础上，通过对三峡水库蓄水前、后库区朱沱站至坝址段沿程逐日水位、流量观测资料的分析，确定不同坝前水位、不同来水条件下水库回水末端的位置。

因为三峡库区水位站多设立于蓄水运行以后，天然水位数据较缺乏，所以选用坝前水位较低时的沿程水面线，代表天然水面线。举例来说（图 5.1），当坝前水位为 175 m，入库流量级为 5 000 m³/s 左右时，采用天然水面线（2003-01-01，坝址水位 69.39 m，冻结基面）和近似天然水面线（2007-04-12，坝前水位 151.13 m，冻结基面）计算得到的回水末端均在双龙站—塔坪站附近。为方便表述，后面将近似天然水面线均称为天然水面线。

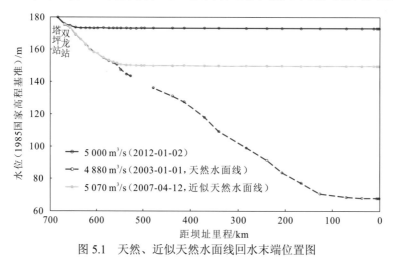

图 5.1　天然、近似天然水面线回水末端位置图

5.1.2　不同水位级回水末端

三峡水库重要的特征水位有：正常蓄水位 175 m，枯季消落低水位 155 m，防洪限制水位 145 m。因此，本小节重点分析 145 m、155 m 和 175 m 三个坝前水位的回水末端。

1. 坝前水位 145 m

根据 2006~2018 年运行资料，当坝前水位为 145 m 时，三峡水库入库流量在 9 150~51 100 m³/s，选取其中的 10 000 m³/s、15 000 m³/s、20 000 m³/s、25 000 m³/s、30 000 m³/s、35 000 m³/s、40 000 m³/s、45 000 m³/s 和 50 000 m³/s 作为入库流量级。以入库流量级为基准，选取建库前后的沿程水面线，基本信息见表 5.1。

表 5.1　三峡水库各入库流量级建库后水面线与天然水面线基本信息统计表（坝前水位 145 m）

入库流量级 /（m³/s）	建库后			天然		
	坝前水位/m	入库流量/（m³/s）	日期	茅坪站水位/m	入库流量/（m³/s）	日期
10 000	145	9 930	2007 年 5 月 29 日	138.22	9 700	2004 年 5 月 8 日
15 000	145	15 000	2015 年 8 月 7 日	138.93	15 100	2004 年 10 月 18 日
20 000	145	20 000	2008 年 7 月 20 日	135.16	19 700	2003 年 8 月 18 日
25 000	145	25 100	2007 年 8 月 7 日	135.15	24 200	2003 年 8 月 29 日
30 000	145	29 900	2009 年 8 月 2 日	135.14	28 000	2003 年 7 月 18 日
35 000	145	34 300	2008 年 7 月 23 日	135.16	34 200	2003 年 9 月 23 日
40 000	145	37 800	2007 年 8 月 3 日	135.21	37 600	2003 年 9 月 10 日
45 000	145	44 300	2009 年 8 月 4 日	135.22	43 800	2003 年 9 月 3 日
50 000	145	51 100	2007 年 7 月 31 日	135.42	51 800	2004 年 9 月 7 日

　　根据选定的各流量级建库前后的水面线，分析确定坝前水位为 145 m 时，不同入库流量级情况下的回水末端位置。本节仅以入库流量级 50 000 m³/s 为例，介绍其回水末端确定过程。

　　选取 2007 年 7 月 31 日的库区沿程水面线作为坝前水位为 145 m、入库流量级为 50 000 m³/s 时的代表水面线（入库流量为 51 100 m³/s），选取 2004 年 9 月 7 日的库区沿程水面线近似表征建库前流量级为 50 000 m³/s 的水面线（入库流量为 51 800 m³/s），据此分析坝前水位为 145 m、入库流量级为 50 000 m³/s 时的回水末端位置，库区沿程各站的水位对比分别见图 5.2 和表 5.2。可以看出，当坝前水位为 145 m、入库流量级为 50 000 m³/s 时，三峡水库的回水末端在白沙沱站和清溪场站之间，距坝址约 450 km，回水位约为 154.2 m。

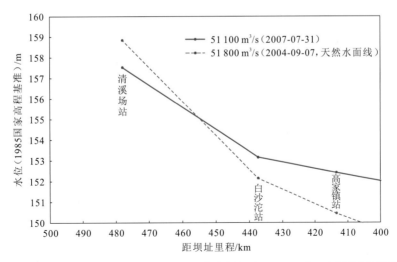

图 5.2　三峡水库坝前水位为 145 m、入库流量级为 50 000 m³/s 时库区水面线图

表 5.2　三峡水库坝前水位为 145 m、入库流量级为 50 000 m³/s 时回水末端分析表

站名	距坝里程/km	水位（1985 国家高程基准）/m		差值/m	备注
		2004 年 9 月 7 日（入库流量为 51 800 m³/s，坝前水位为 135.42 m）	2007 年 7 月 31 日（入库流量为 51 100 m³/s，坝前水位为 145 m）		
茅坪站	2	133.72	142.98	9.26	
高家镇站	413.4	150.45	152.43	1.98	
白沙沱站	437.28	152.15	153.18	1.03	回水末端
清溪场站	477.89	158.84	157.53	-1.31	

2. 坝前水位 155 m

根据 2006～2018 年水库运行资料，当坝前水位为 155 m 时，三峡水库入库流量在 3 880～49 300 m³/s，选取 5 000 m³/s、10 000 m³/s、15 000 m³/s、20 000 m³/s、25 000 m³/s、30 000 m³/s、35 000 m³/s 和 50 000 m³/s 作为入库流量级。以入库流量级为基准，选取建库前后的沿程水面线，基本信息见表 5.3。

表 5.3　三峡水库各入库流量级建库后水面线与天然水面线基本信息统计表（坝前水位 155 m）

入库流量级/（m³/s）	建库后			天然		
	坝前水位/m	入库流量/（m³/s）	日期	茅坪站水位/m	入库流量/（m³/s）	日期
5 000	155	5 040	2008 年 1 月 10 日	151.13	5 070	2007 年 4 月 12 日
10 000	155	9 650	2006 年 10 月 30 日	138.48	9 580	2006 年 5 月 21 日
15 000	155	14 800	2012 年 5 月 22 日	138.03	14 300	2004 年 5 月 6 日
20 000	155	19 600	2010 年 8 月 6 日	135.54	19 600	2004 年 9 月 19 日
25 000	155	24 900	2014 年 8 月 24 日	135.54	24 500	2004 年 8 月 9 日
30 000	155	28 600	2014 年 8 月 22 日	135.48	28 900	2005 年 8 月 27 日
35 000	155	32 800	2014 年 8 月 28 日	135.49	32 500	2005 年 9 月 4 日
50 000	155	49 300	2012 年 9 月 3 日	145.83	51 500	2009 年 8 月 5 日

根据选定的各流量级建库前后的水面线，分析确定坝前水位为 155 m 时，不同入库流量级情况下的回水末端位置。以入库流量级 50 000 m³/s 为例，介绍其回水末端确定过程。

选取 2012 年 9 月 3 日的库区沿程水面线作为坝前水位 155 m、入库流量级为 50 000 m³/s 时的代表水面线（入库流量为 49 300 m³/s），选取 2009 年 8 月 5 日的库区沿程水面线近似表征建库前入库流量级为 50 000 m³/s 的水面线（入库流量为 51 500 m³/s），据此分析坝前水位为 155 m、入库流量级为 50 000 m³/s 时的回水末端位置，库区沿程各站的水位对比分别见图 5.3 和表 5.4。可以看出，当坝前水位为 155 m、入库流量级为 50 000 m³/s 时，三峡水库回水末端在北拱站和大河口站之间，距坝址约 505.1 km，回水位约为 162.83 m。

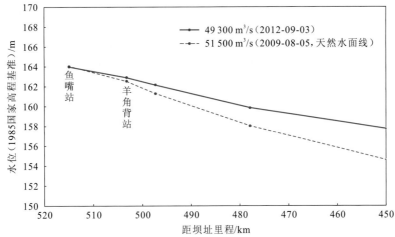

图 5.3　三峡水库坝前水位为 155 m、入库流量级为 50 000 m³/s 时库区水面线图

表 5.4　三峡水库坝前水位为 155 m、入库流量级为 50 000 m³/s 时回水末端分析表

站名	距坝里程/km	水位（1985 国家高程基准）/m		差值/m	备注
		2009 年 8 月 5 日（入库流量为 51 500 m³/s，坝前水位为 145.83 m）	2012 年 9 月 3 日（入库流量为 49 300 m³/s，坝前水位为 155 m）		
茅坪站	2	144.13	152.82	8.69	
清溪场站	477.89	158.09	159.91	1.82	
沙溪沟站	497.32	161.35	162.21	0.86	
北拱站	503.2	162.58	162.95	0.37	回水末端
大河口站	514.84	164.09	164.03	-0.06	

3. 坝前水位 175 m

根据 2010～2018 年水库运行资料，当坝前水位为 175 m 时，三峡水库入库流量在 5 000～22 800 m³/s，其中入库流量大于 20 000 m³/s 的有 3 次，分别为 2011 年 11 月 7 日的 21 000 m³/s、2014 年 10 月 29 日的 21 800 m³/s 和 2014 年 10 月 30 日的 22 800 m³/s。因此，三峡水库蓄水至 175 m 后，仍可能遭遇较大入库流量，故对库尾河段及敏感河段水面线、回水末端的分析研究仍具有重要意义。

坝前水位为 175 m 时，选取的入库流量级分别为 5 000 m³/s、10 000 m³/s、15 000 m³/s、20 000 m³/s 和 23 000 m³/s。以各流量级为基准，选取建库前后的沿程水面线，基本信息见表 5.5。

表 5.5　三峡水库各入库流量级建库后水面线与天然水面线基本信息统计表（坝前水位 175 m）

入库流量级 /(m³/s)	建库后			天然		
	坝前水位/m	入库流量/(m³/s)	日期	茅坪站水位/m	入库流量/(m³/s)	日期
5 000	175	5 000	2012 年 1 月 2 日	69.39	4 880	2003 年 1 月 1 日
10 000	175	9 950	2011 年 11 月 3 日	136.97	10 000	2004 年 5 月 24 日
15 000	175	14 900	2011 年 11 月 5 日	138.82	14 300	2005 年 10 月 31 日
20 000	175	19 500	2011 年 11 月 6 日	135.22	19 600	2003 年 10 月 8 日
23 000	175	22 800	2014 年 10 月 30 日	135.18	22 800	2003 年 7 月 31 日

　　根据选定的各流量级建库前后的水面线，分析确定坝前水位为 175 m 时，不同入库流量级情况下的回水末端位置。以入库流量级 23 000 m³/s 为例，介绍其回水末端确定过程。

　　选取 2014 年 10 月 30 日的库区沿程水面线作为坝前水位为 175 m、入库流量级为 23 000 m³/s 时的代表水面线（入库流量为 22 800 m³/s），选取 2003 年 7 月 31 日的库区沿程水面线近似表征建库前入库流量级为 23 000 m³/s 的水面线（入库流量为 22 800 m³/s），据此分析坝前水位为 175 m、入库流量级为 23 000 m³/s 时的回水末端位置，库区沿程各站的水位对比分别见图 5.4 和表 5.6。可以看出，当坝前水位为 175 m、入库流量级为 23 000 m³/s 时，三峡水库回水末端在落中子站和钓二嘴站之间，距坝址约 645 km，回水位约为 176.54 m。

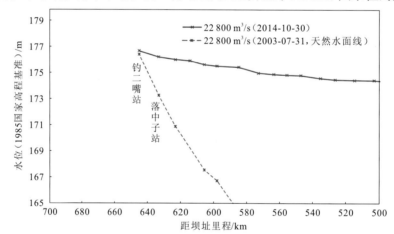

图 5.4　三峡水库坝前水位为 175 m、入库流量级为 23 000 m³/s 时库区水面线图

表 5.6　三峡水库坝前水位为 175 m、入库流量级为 23 000 m³/s 时回水末端分析表

站名	距坝里程 /km	水位（1985 国家高程基准）/m		差值/m	备注
		2003 年 7 月 31 日（入库流量为 22 800 m³/s，坝前水位为 135.18 m）	2014 年 10 月 30 日（入库流量为 22 800 m³/s，坝前水位为 175 m）		
茅坪站	2	133.48	173.20	39.72	
寸滩站	605.71	167.60	175.76	8.16	
鹅公岩站	623.1	170.97	176.16	5.19	
落中子站	633.21	173.40	176.37	2.97	
钓二嘴站	645.1	176.57	176.84	0.27	回水末端

5.1.3　水库回水末端合理性

通过分析三峡水库建库前后库区沿程各站的逐日水位资料，结合入库流量确定三峡水库坝前水位为 145 m、155 m 和 175 m 时的回水末端位置，成果见表 5.7、图 5.5 和图 5.6。

表 5.7　不同坝前水位、不同入库流量级情况下回水末端位置统计表

入库流量级/（m³/s）	距坝里程/km		
	145 m	155 m	175 m
5 000		622.5	675
10 000	556	622	661.5
15 000	554	612	651.5
20 000	554	605.7	648.6
25 000	546	597.3	
30 000	523	596.4	
35 000	517	581.3	
40 000	505		
45 000	494		
50 000	450	505.1	

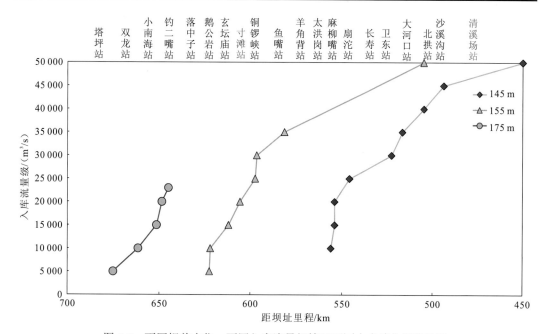

图 5.5　不同坝前水位、不同入库流量级情况下回水末端位置统计图

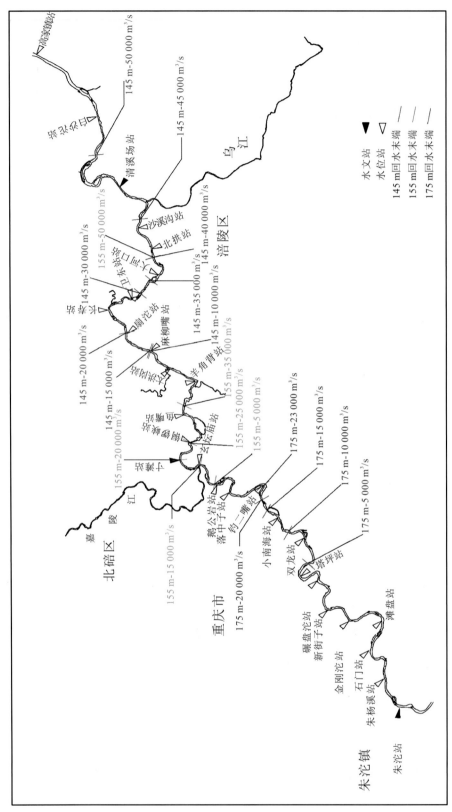

图 5.6　不同坝前水位、不同入库流量级情况下回水末端位置示意图

可以看出,三峡水库坝前水位为 145 m 时,入库流量级从 10 000 m³/s 增大至 50 000 m³/s,相应的回水末端位置从坝址以上 556 km 退至坝址以上 450 km;三峡水库坝前水位为 155 m 时,入库流量级从 5 000 m³/s 增大至 50 000 m³/s,相应的回水末端位置从坝址以上 622.5 km 退至坝址以上 505.1 km;三峡水库坝前水位为 175 m 时,入库流量级从 5 000 m³/s 增大至 23 000 m³/s,相应的回水末端位置从坝址以上 675 km 退至坝址以上 645 km。这一结果基本符合同一坝前水位条件下,入库流量越大,回水末端距坝址越近的规律。

当入库流量级为 10 000 m³/s 时,三峡水库坝前水位为 155 m 的回水末端在 145 m 回水末端上游约 66 km,175 m 回水末端在 155 m 回水末端上游约 39.5 km;当入库流量级为 15 000 m³/s 时,三峡水库坝前水位为 155 m 的回水末端在 145 m 回水末端上游约 58 km,175 m 回水末端在 155 m 回水末端上游约 39.5 km;当入库流量级为 20 000 m³/s 时,三峡水库坝前水位为 155 m 的回水末端在 145 m 回水末端上游约 51.7 km,175 m 回水末端在 155 m 回水末端上游约 42.9 km。这一结果基本符合水库入库流量级相同时,坝前水位越高,回水末端距坝址越远的规律。

综上,入库流量相同时,坝前水位越高,回水末端距三峡大坝坝址越远;而坝前水位相同时,入库流量越大,回水末端距三峡大坝坝址越近,符合水库回水的一般规律。

5.2　三峡水库库尾河段主要控制断面冲淤变化

三峡库区两岸一般由基岩组成,岸线基本稳定,断面变化主要表现为河床的垂向冲淤变化。自三峡水库蓄水运用以来,三峡库区淤积主要有主槽平淤、沿湿周淤积和以一侧淤积为主的不对称淤积等三种形态,冲刷形态主要表现为主槽冲刷和沿湿周冲刷,一般出现在河道水面较窄的峡谷段和回水末端位置。

本节以三峡水库变动回水区江津至涪陵段(长约 280 km)为主要研究区域,选择研究区域内朱沱站、寸滩站、清溪场站、北碚站和武隆站等 5 个控制性水文站作为库尾河段的控制断面,分析 2003 年三峡水库蓄水运用以来的断面性态变化规律。同时,鉴于研究区域内分布有重庆市主城区河段、洛碛站至长寿站段两个重要的防洪保护对象,选择重庆市主城区河段和洛碛站至长寿站段作为典型河段开展河段冲淤变化分析。

5.2.1　水文站控制断面形态变化

1. 朱沱站

朱沱站为国家基本水文站,现有水位、流量、悬移质输沙率、降水量、颗分、卵石推移质、沙质推移质、水质等测验项目。左岸河床较平坦,主槽偏右,断面基本稳定。

基于 2003 年和 2010~2018 年朱沱站实测大断面形态变化(图 5.7),计算不同水位条件下断面面积的变化（表 5.8）。可以看出，与 2003 年相比，2010～2018 年朱沱站实测大断面形态基本稳定，不同水位条件下冲淤变化较小，水位越高，断面面积变化越小。当水位为 195 m 时，断面面积变化幅度在-4.2%～1.0%（负值表示断面淤积，面积变小；正值表示断面冲刷，面积增大）；当水位为 200 m 时，断面面积变化幅度在-2.5%～0.1%；当水位为 205 m 时，断面面积变化幅度在-2.4%～-1.0%；当水位为 210 m 时，断面面积变化幅度在-1.9%～-0.9%。

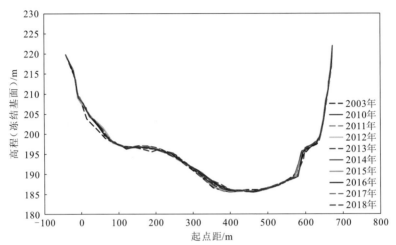

图 5.7　三峡水库建库前后朱沱站实测大断面形态变化图

表 5.8　三峡水库建库前后朱沱站实测大断面面积变化统计表

水位/m	2003 年面积/m²	与 2003 年相比面积变化百分比/%								
		2010 年	2011 年	2012 年	2013 年	2014 年	2015 年	2016 年	2017 年	2018 年
195	2 348	-2.2	1.0	-1.8	-2.8	-4.1	-3.9	-2.8	-4.2	-1.1
196	2 721	-1.8	0.9	-1.7	-2.1	-3.5	-3.4	-2.5	-3.8	-1.1
197	3 143	-1.7	1.1	-1.2	-0.7	-2.4	-2.3	-1.1	-2.9	-0.3
198	3 678	-1.6	0.8	-1.3	-0.9	-2.3	-2.1	-1.1	-2.7	-0.8
199	4 242	-1.7	0.4	-1.4	-1.0	-2.2	-2.0	-1.1	-2.5	-0.9
200	4 824	-1.8	0.1	-1.6	-1.1	-2.1	-1.9	-1.1	-2.5	-1.0
201	5 418	-2.0	-0.2	-1.8	-1.1	-2.1	-1.9	-1.2	-2.4	-1.1
202	6 025	-2.1	-0.4	-2.0	-1.3	-2.1	-1.9	-1.2	-2.4	-1.2
203	6 643	-2.1	-0.7	-2.1	-1.4	-2.1	-1.9	-1.3	-2.4	-1.3
204	7 274	-2.2	-0.9	-2.2	-1.5	-2.2	-1.9	-1.3	-2.4	-1.4

续表

水位 /m	2003 年 面积/m²	与 2003 年相比面积变化百分比/%								
		2010 年	2011 年	2012 年	2013 年	2014 年	2015 年	2016 年	2017 年	2018 年
205	7 912	-2.2	-1.0	-2.2	-1.6	-2.1	-1.9	-1.4	-2.4	-1.4
206	8 555	-2.2	-1.1	-2.1	-1.6	-2.1	-1.9	-1.4	-2.3	-1.4
207	9 204	-2.1	-1.1	-2.1	-1.5	-2.0	-1.8	-1.4	-2.2	-1.4
208	9 858	-2.0	-1.0	-2.0	-1.5	-1.9	-1.8	-1.3	-2.1	-1.4
209	10 520	-1.9	-1.0	-1.9	-1.5	-1.9	-1.7	-1.3	-2.0	-1.4
210	11 187	-1.8	-0.9	-1.7	-1.4	-1.8	-1.6	-1.2	-1.9	-1.3
211	11 858	-1.7	-0.9	-1.6	-1.4	-1.7	-1.6	-1.2	-1.8	-1.2
212	12 531	-1.6	-0.8	-1.6	-1.3	-1.6	-1.5	-1.1	-1.7	-1.2
213	13 208	-1.5	-0.8	-1.5	-1.2	-1.5	-1.4	-1.1	-1.6	-1.1
214	13 887	-1.4	-0.7	-1.4	-1.2	-1.5	-1.4	-1.0	-1.6	-1.1
215	14 572	-1.4	-0.7	-1.4	-1.1	-1.4	-1.3	-1.0	-1.5	-1.0
216	15 262	-1.3	-0.7	-1.3	-1.1	-1.4	-1.3	-0.9	-1.5	-1.0
217	15 959	-1.3	-0.7	-1.3	-1.1	-1.3	-1.3	-0.9	-1.4	-1.0
218	16 660	-1.2	-0.7	-1.3	-1.1	-1.3	-1.2	-0.9	-1.4	-1.0
219	17 366	-1.2	-0.7	-1.2	-1.0	-1.3	-1.2	-0.9	-1.3	-0.9

2. 寸滩站

寸滩站建于 1939 年 2 月，位于重庆市江北区海尔路 412 号，地理坐标为东经 106°36′，北纬 29°37′，集水面积为 866 559 km²，距离三峡大坝坝址约 605.71 km，控制着岷江、沱江、嘉陵江及赤水河各主要支流汇入长江后的基本水情，属国家重要控制水文站。测验河段位于长江与嘉陵江汇合口下游约 7.5 km 处，河段较顺直，左岸较陡。右岸为卵石滩，2005 年因建设滨江路工程修建了垂直高度约为 11 m 的堡坎，高水有九条石梁横布断面附近，左岸上游 550 m 处有砂帽石梁起挑水作用，中泓偏左岸，断面基本稳定。

基于 2003 年和 2010～2018 年寸滩站实测大断面形态变化（图 5.8），计算不同水位条件下断面面积的变化（表 5.9）。可以看出，2010～2018 年寸滩站实测大断面形态基本稳定，右岸河槽有一定冲刷。

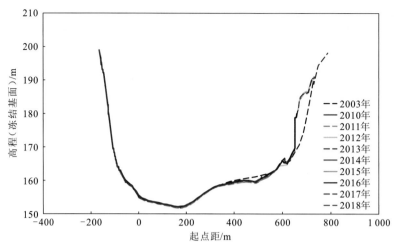

图 5.8　三峡水库建库前后寸滩站实测大断面形态变化图

表 5.9　三峡水库建库前后寸滩站实测大断面面积变化统计表

水位 /m	2003 年 面积/m²	与 2003 年相比面积变化百分比/%								
		2010 年	2011 年	2012 年	2013 年	2014 年	2015 年	2016 年	2017 年	2018 年
160	2 168	5.8	8.2	3.9	2.0	−0.1	2.4	−1.3	4.0	−0.6
161	2 669	7.6	9.4	6.3	4.7	3.0	5.1	1.5	5.8	2.3
162	3 249	7.4	8.6	6.2	4.9	3.5	5.2	1.9	5.7	2.9
163	3 879	6.4	7.4	5.5	4.4	3.1	4.7	1.7	4.9	2.5
164	4 536	5.6	6.4	4.7	3.8	2.7	4.0	1.5	4.2	2.2
165	5 209	5.0	5.6	4.5	3.4	2.4	3.5	1.4	3.7	1.9
166	5 903	4.5	5.1	4.3	3.1	2.2	3.2	1.4	3.2	1.8
167	6 631	4.0	4.5	3.8	2.7	2.0	2.9	1.2	2.7	1.6
168	7 374	3.5	4.0	3.3	2.4	1.7	2.5	1.0	2.3	1.3
169	8 128	3.1	3.6	3.0	2.1	1.5	2.2	0.8	2.0	1.0
170	8 893	2.7	3.2	2.6	1.8	1.2	1.9	0.6	1.7	0.8
171	9 669	2.3	2.8	2.3	1.5	1.0	1.6	0.4	1.4	0.6
172	10 452	1.9	2.4	1.9	1.2	0.7	1.2	0.2	1.1	0.4
173	11 241	1.6	2.0	1.5	0.9	0.4	0.9	−0.1	0.8	0.1
174	12 037	1.2	1.6	1.2	0.6	0.1	0.6	−0.3	0.5	−0.2
175	12 839	0.9	1.2	0.8	0.3	−0.2	0.3	−0.6	0.2	−0.4
176	13 646	0.5	0.8	0.5	0.0	−0.4	0.0	−0.8	−0.1	−0.7
177	14 457	0.2	0.5	0.2	−0.3	−0.7	−0.3	−1.1	−0.4	−0.9
178	15 273	−0.1	0.2	−0.1	−0.6	−0.9	−0.6	−1.3	−0.7	−1.1

续表

水位 /m	2003 年 面积/m²	与 2003 年相比面积变化百分比/%								
		2010 年	2011 年	2012 年	2013 年	2014 年	2015 年	2016 年	2017 年	2018 年
179	16 093	−0.3	−0.1	−0.4	−0.9	−1.2	−0.8	−1.5	−0.9	−1.4
180	16 917	−0.6	−0.3	−0.6	−1.1	−1.4	−1.0	−1.7	−1.1	−1.6
181	17 746	−0.8	−0.6	−0.8	−1.2	−1.6	−1.2	−1.9	−1.3	−1.7
182	18 579	−1.0	−0.7	−1.0	−1.4	−1.8	−1.4	−2.0	−1.5	−1.9
183	19 417	−1.1	−0.9	−1.2	−1.6	−1.9	−1.6	−2.2	−1.7	−2.1
184	20 259	−1.3	−1.1	−1.4	−1.7	−2.1	−1.8	−2.3	−1.8	−2.2
185	21 105	−1.4	−1.2	−1.5	−1.8	−2.2	−1.9	−2.5	−2.0	−2.3
186	21 955	−1.5	−1.4	−1.6	−1.9	−2.4	−2.1	−2.6	−2.1	−2.5
187	22 810	−1.5	−1.4	−1.6	−1.9	−2.5	−2.2	−2.7	−2.3	−2.6
188	23 669	−1.5	−1.4	−1.6	−1.9	−2.6	−2.3	−2.8	−2.4	−2.7
189	24 533	−1.5	−1.4	−1.6	1.9	−2.7	−2.5	−2.9	−2.5	−2.8
190	25 401	−1.5	−1.4	−1.5	−1.8	−2.9	−2.6	−3.1	−2.6	−2.9
191	26 274	−1.5	−1.3	−1.5	−1.7	−3.0	−2.7	−3.2	−2.8	−3.0
192	27 152	−1.4	−1.3	−1.5	−1.7	−3.1	−2.8	−3.3	−2.9	−3.2
193	28 035	−1.4	−1.3	−1.4	−1.6	−3.2	−3.0	−3.4	−3.0	−3.3
194	28 930	−1.3	−1.3	−1.4	−1.5	−3.3	−3.1	−3.5	−3.1	−3.4
195	29 837	−1.3	−1.2	−1.4	−1.5	−3.4	−3.2	−3.6	−3.2	−3.5
196	30 759	−1.2	−1.2	−1.4	−1.5	−3.6	−3.4	−3.8	−3.4	−3.7
197	31 695	−1.2	−1.2	−1.3	−1.5	−3.8	−3.6	−4.0	−3.6	−3.9
198	32 640	−1.2	−1.1	−1.3	−1.4	−4.0	−3.8	−4.1	−3.8	−4.0

当水位在 172 m 以下时，2010～2018 年实测大断面面积与 2003 年相比，整体呈现冲刷状态且断面面积变化幅度随着水位增高而变小。当水位在 160 m 时，2010～2018 年实测大断面面积与 2003 年相比，断面面积变化幅度在-1.3%～8.2%。当水位在 165 m 时，2010～2018 年实测大断面面积与 2003 年相比，断面面积变化幅度在 1.4%～5.6%。当水位在 170 m 时，2010～2018 年实测大断面面积与 2003 年相比，断面面积变化幅度在 0.6%～3.2%。当水位在 175 m 时，2010～2018 年实测大断面面积与 2003 年相比，断面面积变化幅度在-0.6%～1.2%。

2005 年因建设滨江路工程在 168 m 以上水位修建了垂直高度约为 11 m 的堡坎，且布置了九条石梁，在一定程度上缩小了断面过水面积。因此，当水位在 180 m 以上时，2010～2018 年实测大断面面积较 2003 年偏小，偏小幅度稳定在 4.1% 以内。

3. 清溪场站

清溪场站位于重庆市涪陵区清溪镇，东经 107°27′，北纬 29°48′，隶属于水利部长江水利委员会水文局长江上游水文水资源勘测局涪陵分局。目前，清溪场站的观测项目有水位、流量、悬移质输沙率、降水量、颗分、水质等。测验河段顺直，主槽偏左，右岸为乱石夹沙，有冲淤变化，基本水尺附近冲淤严重，上游约 12 km 处有乌江汇入，下游约 1 270 m 处有清溪沟汇入。

基于 2003 年和 2010～2018 年清溪场站实测大断面形态变化（图 5.9），计算不同水位条件下断面面积的变化（表 5.10）。可以看出，2010～2018 年清溪场站实测大断面形态基本稳定，不同年份冲淤交替变化，断面面积变化幅度随着水位增高而变小，不同水位条件下变化幅度在-0.5%～5.6%。

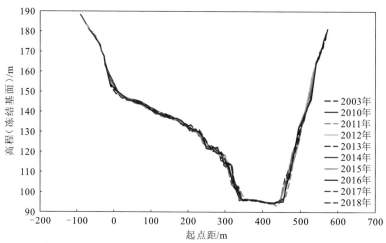

图 5.9　三峡水库建库前后清溪场站实测大断面形态变化图

表 5.10　三峡水库建库前后清溪场站实测大断面面积变化统计表

水位 /m	2003 年 面积/m²	与 2003 年相比面积变化百分比/%								
		2010 年	2011 年	2012 年	2013 年	2014 年	2015 年	2016 年	2017 年	2018 年
130	5 972	4.6	5.6	0.8	1.8	0.2	1.9	3.8	1.9	-0.2
131	6 250	4.3	5.5	0.7	1.9	0.2	1.8	3.5	1.8	-0.4
132	6 532	4.4	5.6	0.9	2.0	0.2	1.8	3.4	2.0	-0.3
133	6 820	4.4	5.6	1.1	2.2	0.4	1.9	3.4	2.1	-0.2
134	7 132	4.2	5.4	1.1	2.1	0.2	1.7	3.2	2.0	-0.2
135	7 458	4.0	5.1	0.9	1.9	0.2	1.4	2.9	1.9	-0.3
136	7 790	3.9	4.9	0.8	1.7	0.2	1.2	2.6	1.8	-0.4

续表

水位 /m	2003 年 面积/m²	与 2003 年相比面积变化百分比/%								
		2010 年	2011 年	2012 年	2013 年	2014 年	2015 年	2016 年	2017 年	2018 年
137	8 135	3.7	4.8	0.8	1.5	0.1	1.2	2.5	1.7	−0.5
138	8 484	3.6	4.9	0.9	1.7	0.2	1.2	2.5	1.8	−0.4
139	8 849	3.6	5.0	0.9	1.8	0.3	1.4	2.6	2.0	−0.3
140	9 234	3.5	5.0	0.9	1.8	0.5	1.5	2.7	2.0	−0.2
141	9 642	3.2	4.8	0.8	1.7	0.5	1.4	2.6	1.9	−0.2
142	10 059	3.0	4.7	0.7	1.7	0.5	1.4	2.6	1.8	−0.2
143	10 482	3.0	4.7	0.7	1.7	0.6	1.5	2.6	1.8	−0.2
144	10 913	2.9	4.6	0.7	1.8	0.7	1.6	2.6	1.8	−0.1
145	11 359	2.8	4.5	0.7	1.9	0.7	1.7	2.7	1.8	−0.1
146	11 835	2.5	4.3	0.6	1.8	0.7	1.7	2.6	1.7	−0.1
147	12 331	2.3	4.1	0.4	1.7	0.7	1.5	2.5	1.6	−0.2
148	12 836	2.2	3.9	0.3	1.7	0.6	1.4	2.4	1.5	−0.2
149	13 347	2.1	3.7	0.2	1.6	0.6	1.4	2.3	1.4	−0.2
150	13 868	1.9	3.5	0.1	1.5	0.5	1.3	2.2	1.3	−0.2
151	14 395	1.8	3.3	0.0	1.4	0.5	1.2	2.1	1.2	−0.2
152	14 926	1.7	3.1	−0.1	1.3	0.4	1.1	2.0	1.2	−0.3
153	15 463	1.6	3.0	−0.2	1.2	0.3	1.0	1.9	1.1	−0.3
154	16 002	1.5	2.8	−0.3	1.1	0.2	1.0	1.9	1.1	−0.2
155	16 544	1.4	2.6	−0.4	1.0	0.2	1.0	1.9	1.1	−0.2
156	17 087	1.3	2.5	−0.4	1.0	0.1	0.9	1.8	1.0	−0.2
157	17 633	1.2	2.4	−0.5	0.9	0.1	0.9	1.8	1.0	−0.2
158	18 179	1.2	2.3	−0.5	0.9	0.1	0.9	1.8	1.0	−0.1
159	18 727	1.2	2.2	−0.5	0.8	0.1	0.8	1.8	1.0	−0.1
160	19 278	1.1	2.2	−0.5	0.8	0.1	0.8	1.8	0.9	−0.1
161	19 832	1.1	2.1	−0.5	0.8	0.1	0.8	1.7	0.9	−0.1
162	20 389	1.1	2.0	−0.5	0.8	0.1	0.8	1.7	0.9	−0.1
163	20 949	1.0	2.0	−0.5	0.7	0.1	0.8	1.7	0.8	−0.1
164	21 512	1.0	1.9	−0.4	0.7	0.1	0.7	1.6	0.8	−0.1
165	22 078	1.0	1.9	−0.4	0.7	0.1	0.7	1.6	0.8	−0.1

续表

水位/m	2003年面积/m²	与2003年相比面积变化百分比/%								
		2010年	2011年	2012年	2013年	2014年	2015年	2016年	2017年	2018年
166	22 646	1.0	1.9	-0.4	0.7	0.1	0.7	1.6	0.8	-0.1
167	23 216	1.0	1.8	-0.4	0.7	0.1	0.7	1.5	0.8	0.0
168	23 791	1.0	1.8	-0.4	0.7	0.1	0.7	1.5	0.8	0.0
169	24 370	0.9	1.7	-0.4	0.7	0.1	0.7	1.5	0.8	0.0
170	24 954	0.9	1.7	-0.4	0.7	0.1	0.7	1.4	0.7	0.0
171	25 542	0.9	1.7	-0.3	0.7	0.1	0.7	1.4	0.7	0.0
172	26 133	0.9	1.6	-0.3	0.7	0.1	0.7	1.4	0.7	0.0
173	26 726	0.9	1.6	-0.3	0.7	0.1	0.6	1.4	0.7	0.0
174	27 323	0.9	1.6	-0.3	0.7	0.1	0.6	1.3	0.7	0.0
175	27 924	0.8	1.5	-0.3	0.7	0.1	0.6	1.3	0.7	0.0

当水位在130 m时，2010~2018年实测大断面面积与2003年相比，断面面积变化幅度在-0.2%~5.6%。当水位在140 m时，2010~2018年实测大断面面积与2003年相比，断面面积变化幅度在-0.2%~5.0%。当水位在145 m时，2010~2018年实测大断面面积与2003年相比，断面面积变化幅度在-0.1%~4.5%。当水位在150 m时，2010~2018年实测大断面面积与2003年相比，断面面积变化幅度在-0.2%~3.5%。当水位在155 m时，2010~2018年实测大断面面积与2003年相比，断面面积变化幅度在-0.4%~2.6%。当水位在160 m时，2010~2018年实测大断面面积与2003年相比，断面面积变化幅度在-0.5%~2.2%。当水位在170 m时，2010~2018年实测大断面面积与2003年相比，断面面积变化幅度在-0.4%~1.7%。当水位在175 m时，2010~2018年实测大断面面积与2003年相比，断面面积变化幅度在-0.3%~1.5%。

4. 北碚站

目前北碚站观测项目有水位、水温、流量、悬移质/推移质输沙率及颗粒级配、降水量等。测验河段顺直，两岸平缓而稳定。对于北碚站，以三峡水库蓄水至175 m之前的2008年的断面代表三峡水库建库前实测大断面，分析2010~2018年断面形态变化和不同水位条件下断面面积的变化。

基于2008年和2011~2018年北碚站实测大断面形态变化（图5.10），计算不同水位条件下断面面积的变化（表5.11）。可以看出，2011~2018年北碚站实测大断面形态基本稳定，与2008年相比，不同年份冲淤变化很小，断面面积变化幅度随着水位增高而变小，不同水位条件下变化幅度在-0.3%~2.4%。2011年以来不同水位级下水文站断面面积的变化基本维持在1.2%以内。

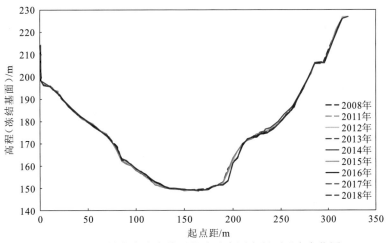

图 5.10　三峡水库建库前后北碚站实测大断面形态变化图

表 5.11　三峡水库建库前后北碚站实测大断面面积变化统计表

水位/m	2008 年面积/m²	与 2008 年相比面积变化百分比/%								
		2010 年	2011 年	2012 年	2013 年	2014 年	2015 年	2016 年	2017 年	2018 年
175	2 769	0.8	1.1	0.9	1.0	1.2	0.9	1.1	1.0	1.1
176	2 944	1.1	1.0	0.7	0.8	1.0	0.7	1.0	0.9	1.1
177	3 126	1.4	1.0	0.6	0.8	0.7	0.6	1.0	0.9	1.1
178	3 314	1.6	0.9	0.4	0.7	0.5	0.6	0.9	0.8	1.0
179	3 507	1.9	0.9	0.3	0.7	0.3	0.5	0.9	0.8	1.0
180	3 705	2.0	0.9	0.3	0.7	0.2	0.5	0.9	0.8	1.0
181	3 908	2.2	0.9	0.3	0.7	0.2	0.5	0.9	0.8	0.9
182	4 116	2.3	0.9	0.3	0.7	0.1	0.6	0.9	0.8	0.9
183	4 330	2.4	0.8	0.3	0.7	0.0	0.6	0.8	0.8	0.9
184	4 549	2.4	0.8	0.3	0.6	-0.1	0.6	0.8	0.8	0.9
185	4 773	2.4	0.7	0.3	0.6	-0.1	0.6	0.8	0.7	0.9
186	5 001	2.3	0.7	0.3	0.6	-0.2	0.6	0.8	0.7	0.9
187	5 233	2.3	0.7	0.3	0.6	-0.2	0.5	0.8	0.7	0.8
188	5 469	2.3	0.6	0.3	0.6	-0.2	0.5	0.8	0.7	0.8
189	5 709	2.2	0.6	0.2	0.6	-0.2	0.5	0.7	0.6	0.8
190	5 952	2.2	0.5	0.2	0.5	-0.2	0.5	0.7	0.6	0.7
191	6 198	2.2	0.5	0.2	0.5	-0.3	0.5	0.6	0.6	0.7
192	6 447	2.2	0.5	0.2	0.5	-0.3	0.5	0.6	0.6	0.6

续表

水位 /m	2008 年 面积/m²	与 2008 年相比面积变化百分比/%								
		2010 年	2011 年	2012 年	2013 年	2014 年	2015 年	2016 年	2017 年	2018 年
193	6 700	2.1	0.4	0.2	0.5	−0.3	0.4	0.6	0.5	0.6
194	6 955	2.0	0.4	0.1	0.5	−0.3	0.4	0.6	0.5	0.6
195	7 215	1.9	0.4	0.2	0.5	−0.3	0.4	0.5	0.5	0.6
196	7 478	1.9	0.4	0.2	0.5	−0.3	0.4	0.5	0.5	0.6
197	7 751	1.8	0.4	0.2	0.5	−0.3	0.4	0.5	0.5	0.6
198	8 026	1.6	0.4	0.2	0.4	−0.3	0.4	0.5	0.5	0.6
199	8 302	1.5	0.4	0.2	0.4	−0.3	0.4	0.5	0.5	0.6
200	8 580	1.4	0.3	0.1	0.4	−0.3	0.4	0.5	0.4	0.6
201	8 860	1.3	0.3	0.1	0.4	−0.3	0.4	0.4	0.4	0.5
202	9 140	1.2	0.3	0.1	0.4	−0.3	0.4	0.4	0.4	0.5
203	9 422	1.1	0.3	0.1	0.4	−0.3	0.4	0.4	0.4	0.5
204	9 705	1.0	0.3	0.1	0.4	−0.3	0.4	0.4	0.4	0.5
205	9 989	0.9	0.3	0.1	0.4	−0.3	0.4	0.4	0.4	0.5
206	10 276	0.8	0.3	0.1	0.3	−0.3	0.3	0.3	0.3	0.4
207	10 570	0.7	0.3	0.1	0.3	−0.3	0.3	0.3	0.3	0.4
208	10 865	0.6	0.3	0.1	0.3	−0.3	0.3	0.3	0.3	0.4
209	11 162	0.5	0.3	0.1	0.3	−0.3	0.3	0.3	0.3	0.4
210	11 459	0.4	0.3	0.1	0.3	−0.3	0.3	0.3	0.3	0.4
211	11 757	0.3	0.3	0.1	0.3	−0.3	0.3	0.3	0.3	0.4
212	12 056	0.2	0.3	0.1	0.3	−0.3	0.3	0.3	0.3	0.4
213	12 357	0.1	0.3	0.1	0.3	−0.2	0.3	0.3	0.3	0.4
214	12 658	0.0	0.3	0.1	0.3	−0.2	0.3	0.3	0.3	0.4

5. 武隆站

武隆站位于重庆市武隆区巷口镇建设中路 80 号，东经 107°45′，北纬 29°19′，于 1951 年 6 月设立为水文站，1954 年 4 月下迁 12 km，1956 年 5 月再次下迁 80 m，目前观测项目有水位、流量、悬移质含沙量、降水量、颗分、水质等。现武隆站大断面距乌江河口约 69 km，下游约 800 m 处有长头河从左岸汇入，2012 年建成的银盘水电站在芙蓉江与乌江汇合处上游 3 km，下距武隆站 20 km。

基于 2003 年和 2010～2018 年武隆站实测大断面形态变化（图 5.11），计算不同水位条件下断面面积的变化（表 5.12）。可以看出，与 2003 年相比，2010～2018 年武隆站实测大断面形态变化较为明显，断面变化幅度随着水位增高而变小，不同水位级下的断面变化主要表现在 170 m 水位以下河槽的年际冲淤交替变化，170 m 水位以上是武隆城区乌江两岸堤防加高加固和景观规划造成的断面变化。

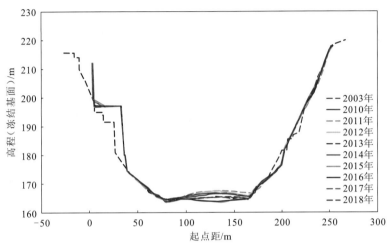

图 5.11　三峡水库建库前后武隆站实测大断面形态变化图

表 5.12　三峡水库建库前后武隆站实测大断面面积变化统计表

水位 /m	2003 年 面积/m²	与 2003 年相比面积变化百分比/%								
		2010 年	2011 年	2012 年	2013 年	2014 年	2015 年	2016 年	2017 年	2018 年
170	554	-13.1	-25.2	-23.4	-18.3	-18.5	5.7	6.5	-3.9	-2.5
171	681	-10.9	-20.1	-18.8	-14.8	-15.4	4.6	5.4	-3.1	-1.9
172	816	-9.1	-16.8	-15.5	-12.3	-13.2	3.8	4.5	-2.6	-1.5
173	958	-7.7	-14.3	-13.0	-10.5	-11.4	3.3	3.7	-2.2	-1.5
174	1 106	-6.6	-12.3	-11.3	-9.1	-10.0	2.8	3.2	-1.9	-1.6
175	1 260	-5.8	-10.8	-9.9	-7.9	-8.7	2.5	2.8	-1.6	-1.8
176	1 419	-5.2	-9.6	-8.9	-7.0	-7.8	2.0	2.4	-1.5	-2.1
177	1 583	-4.8	-8.8	-8.1	-6.4	-7.2	1.6	2.0	-1.5	-2.4
178	1 749	-4.6	-8.2	-7.6	-6.1	-6.7	1.2	1.5	-1.7	-2.8
179	1 918	-4.5	-7.8	-7.3	-5.9	-6.4	0.7	1.0	-1.8	-3.2
180	2 090	-4.5	-7.5	-7.1	-5.7	-6.3	0.3	0.6	-2.1	-3.5
181	2 264	-4.5	-7.3	-7.0	-5.7	-6.2	-0.2	0.1	-2.3	-3.8
182	2 440	-4.6	-7.2	-6.9	-5.7	-6.1	-0.5	-0.3	-2.6	-3.9

续表

水位 /m	2003 年 面积/m²	与2003年相比面积变化百分比/%								
		2010 年	2011 年	2012 年	2013 年	2014 年	2015 年	2016 年	2017 年	2018 年
183	2 617	-4.6	-7.1	-6.8	-5.7	-6.1	-0.9	-0.6	-2.7	-4.0
184	2 796	-4.7	-7.0	-6.8	-5.6	-6.0	-1.2	-0.9	-2.9	-4.0
185	2 976	-4.7	-6.9	-6.7	-5.6	-5.9	-1.4	-1.1	-3.0	-4.1
186	3 157	-4.7	-6.8	-6.7	-5.6	-5.9	-1.6	-1.4	-3.2	-4.1
187	3 340	-4.8	-6.7	-6.6	-5.5	-5.8	-1.8	-1.6	-3.3	-4.1
188	3 525	-4.8	-6.6	-6.5	-5.5	-5.8	-1.9	-1.8	-3.4	-4.0
189	3 712	-4.8	-6.6	-6.5	-5.5	-5.7	-2.1	-1.9	-3.5	-3.9
190	3 900	-4.8	-6.5	-6.4	-5.5	-5.7	-2.2	-2.1	-3.5	-3.8
191	4 090	-4.8	-6.4	-6.3	-5.5	-5.7	-2.3	-2.2	-3.6	-3.7
192	4 287	-4.9	-6.4	-6.4	-5.6	-5.7	-2.6	-2.4	-3.8	-3.7
193	4 490	-5.1	-6.6	-6.5	-5.8	-5.9	-2.9	-2.8	-4.0	-3.9
194	4 695	-5.3	-6.7	-6.6	-5.9	-6.1	-3.2	-3.1	-4.3	-4.1
195	4 902	-5.5	-6.8	-6.7	-6.1	-6.2	-3.5	-3.4	-4.5	-4.2
196	5 119	-5.8	-7.1	-7.0	-6.4	-6.5	-3.9	-3.8	-4.9	-4.6
197	5 338	-6.0	-7.3	-7.2	-6.7	-6.8	-4.3	-4.1	-5.2	-4.9
198	5 558	-5.9	-7.1	-6.9	-6.4	-6.6	-4.3	-4.1	-5.1	-5.1
199	5 780	-5.7	-6.8	-6.7	-6.2	-6.4	-4.2	-3.9	-5.0	-5.4
200	6 005	-5.5	-6.6	-6.4	-6.0	-6.1	-4.1	-3.8	-4.8	-5.7
201	6 232	-5.3	-6.3	-6.2	-5.8	-6.0	-4.0	-3.6	-4.7	-5.9
202	6 462	-5.1	-6.1	-6.0	-5.6	-5.8	-3.9	-3.5	-4.5	-6.1
203	6 695	-5.0	-5.9	-5.8	-5.5	-5.7	-3.8	-3.4	-4.4	-6.4
204	6 930	-4.9	-5.8	-5.7	-5.4	-5.6	-3.7	-3.4	-4.4	-6.6
205	7 167	-4.8	-5.6	-5.6	-5.3	-5.5	-3.7	-3.3	-4.3	-6.4
206	7 408	-4.7	-5.5	-5.5	-5.2	-5.4	-3.7	-3.3	-4.3	-6.3
207	7 651	-4.7	-5.4	-5.4	-5.2	-5.3	-3.7	-3.3	-4.2	-6.2
208	7 897	-4.7	-5.4	-5.4	-5.2	-5.3	-3.7	-3.3	-4.2	-6.1
209	8 146	-4.7	-5.3	-5.4	-5.2	-5.3	-3.7	-3.4	-4.2	-6.1

水位 /m	2003 年 面积/m²	与 2003 年相比面积变化百分比/%								
		2010 年	2011 年	2012 年	2013 年	2014 年	2015 年	2016 年	2017 年	2018 年
210	8 397	-4.7	-5.3	-5.4	-5.2	-5.3	-3.7	-3.4	-4.3	-6.1
211	8 651	-4.7	-5.3	-5.4	-5.2	-5.3	-3.8	-3.5	-4.3	-6.0
212	8 905	-4.8	-5.3	-5.4	-5.2	-5.3	-3.8	-3.6	-4.3	-6.0

当水位处于 170 m 时，与 2003 年相比，2010～2014 年断面明显淤积，断面面积变化幅度为-25.2%～-13.1%；2015～2016 年断面冲刷，断面面积变化幅度为 5.7%～6.5%；2017～2018 年断面略有淤积，断面面积变化幅度为-3.9%～-2.5%。当水位处于 170 m 以上时，与 2003 年相比，2010～2018 年断面面积变化是河槽冲淤变化、两岸堤防加高加固和景观规划共同作用的结果。当水位处于 180 m 时，与 2003 年相比，2010～2014 年断面面积减小，断面面积变化幅度为-7.5%～-4.5%；2015～2016 年断面面积略有增大，断面面积变化幅度为 0.3%～0.6%；2017～2018 年断面略有减小，断面面积变化幅度为-3.5%～-2.1%。当水位处于 190 m 时，与 2003 年相比，2010～2018 年断面面积减小，断面面积变化幅度为-6.5%～-2.1%；当水位处于 200 m 以上时，与 2003 年相比，2010~2018 年断面面积减小，断面面积变化幅度为-6.6%～-3.3%。

5.2.2　典型河段冲淤变化

三峡库区分布有较多重要防洪控制对象，且主要集中在寸滩站至清溪场站段。在对三峡水库库尾典型控制断面进行冲淤变化分析的基础上，本小节进一步分析寸滩站至清溪场站段中重庆市主城区河段、洛碛站至长寿站段两个典型河段的冲淤变化。

1. 重庆市主城区河段

重庆市主城区河段位于三峡水库 175 m 变动回水区内。河段从长江干流大渡口至铜锣峡、支流嘉陵江井口至朝天门，全长约 60 km（图 5.12）。受地质构造作用的影响，重庆市主城区河段在平面上呈连续弯曲的河道形态，其中长江干流河段有 6 个连续弯道，嘉陵江河段有 5 个弯道。弯道之间由较顺直的过渡段连接，弯道与顺直过渡段的长度比约为 1∶1。

三峡水库 175 m 试验性蓄水以来，2008 年 9 月～2018 年 12 月重庆市主城区河段累计冲刷泥沙 2 073 万 m³，其中主槽冲刷 2 250 万 m³，边滩淤积 177 万 m³。从冲淤分布来看：长江干流朝天门以上河段、以下河段及嘉陵江河段全部表现为冲刷，冲刷量分别为 1 662 万 m³、181 万 m³、230 万 m³，平均冲刷深度分别为 0.98 m、0.18 m、0.20 m。河段最大淤积厚度为 11.8 m，位于 CY02 断面（汇合口以下 14 km）深槽右侧，淤后最大高程约为 133.0 m（图 5.13）。

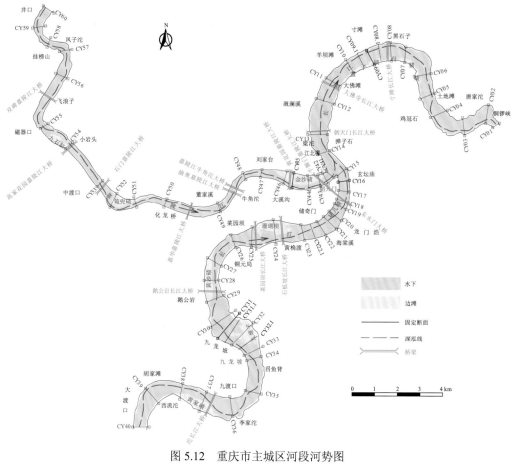

图 5.12　重庆市主城区河段河势图

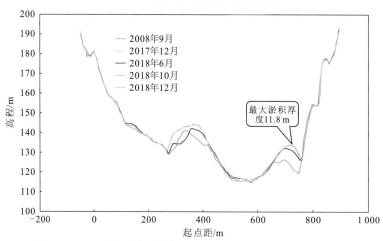

图 5.13　CY02 断面冲淤变化图（2008 年 9 月～2018 年 12 月）

2. 洛碛站至长寿站段

洛碛站至长寿站段（图 5.14，S289 断面～S306 断面，长约 30 km）位于重庆市下游约 50 km，地处三峡水库变动回水区内，出口距三峡大坝约 532 km，是川江上宽浅、多滩的典型河段之一。三峡水库 156 m 蓄水前，该河段基本为天然河道。2006 年 10 月三峡水库 156 m 蓄水运用后，洛碛河段虽在回水范围内，但河段整体仍表现为冲刷，2008 年 10 月三峡水库 175 m 试验性蓄水后河段才出现累积性淤积，近年来由于上游来沙持续减少，加之采砂影响，洛碛河段淤积程度降低，甚至时有冲刷。

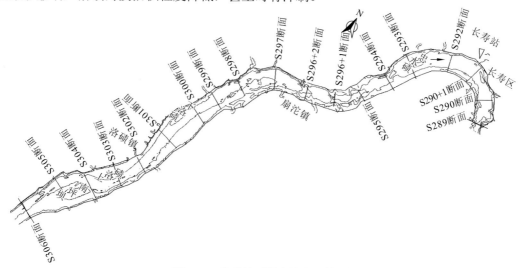

图 5.14　洛碛站至长寿站段河势图

2006 年 10 月～2018 年 10 月，河段累积表现为冲刷，冲刷量为 1 577 万 m³。从典型断面 S302 来看，虽然河床整体表现为冲刷，但在洲滩、回流缓流的岸边区域仍有淤积，河槽总体稳定，见图 5.15。

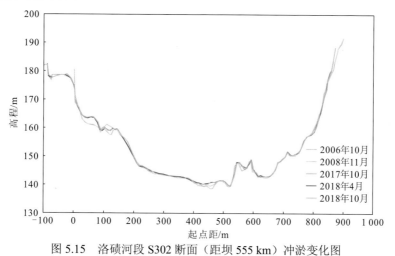

图 5.15　洛碛河段 S302 断面（距坝 555 km）冲淤变化图

5.2.3　三峡水库库尾主要控制断面水位流量关系变化

试验性蓄水以后，受坝前水位变化影响，非汛期 175 m 水位回水末端到达江津区附近的红花碛，汛期 145 m 水位回水末端位于长寿区附近。库尾河段具有水库和天然河道的双重特性，水位流量关系复杂。本节选择干流朱沱站、寸滩站分别代表库尾上游断面、重要的防洪保护对象重庆市主城区断面，以北碚站和武隆站分别代表嘉陵江河口和乌江河口的控制断面，分析三峡水库建库后，主要是 2010 年蓄水至 175 m 以来库尾河段水位流量关系是否发生变化。

1. 朱沱站

选择 1961 年、1966 年、1981 年、1989 年、1991 年和 1995～1998 年典型大水年份实测流量成果，拟定三峡水库建库前朱沱站天然水位流量关系线，见图 5.16。点绘朱沱站 2010～2020 年实测流量成果，并将其与天然水位流量关系线对比，见图 5.17。可以看出，朱沱站建库后水位流量关系较天然情况变化不大，2010～2020 年实测水位流量点据均匀分布在天然水位流量关系线两侧，且分布较集中，绳套较小。由此可见，三峡水库蓄水运行对朱沱站天然水位流量关系基本无影响。

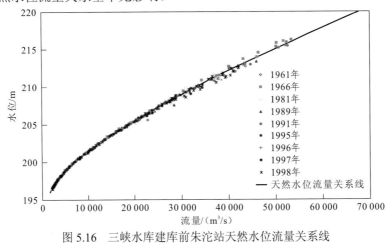

图 5.16 三峡水库建库前朱沱站天然水位流量关系线

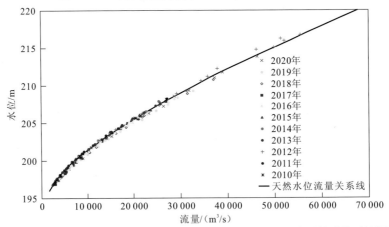

图 5.17 三峡水库建库后朱沱站水位流量点据与天然水位流量关系线对比图

2. 寸滩站

寸滩站水位流量关系是重庆市主城区河段防洪的重要参考（闵要武 等，2021）。首先分析寸滩站 1954 年以来实测水位流量特征,以三峡水库建库前寸滩站天然水位流量关系线为基准,分析 2010~2020 年寸滩站水位流量关系变化。

1)寸滩站天然水位流量关系

本次采用寸滩站 1954~2020 年实测流量成果进行分析,统计其在三峡水库建库前后的流量极值,见表 5.13。可以看出:三峡水库建库前,寸滩站实测流量在 2 320~86 200 m³/s,相应水位在 158.10~191.32 m;三峡水库建库后,寸滩站实测流量在 2 930~74 600 m³/s,相应水位在 158.82~191.47 m。

表 5.13　寸滩站流量极值统计表

项目	三峡水库建库前			三峡水库建库后		
	流量/(m³/s)	日期(年-月-日)	相应水位/m	流量/(m³/s)	日期(年-月-日)	相应水位/m
最大值	86 200	1981-07-16	191.32	74 600	2020-08-20	191.47
最小值	2 320	1973-03-06	158.10	2 930	2010-03-26	158.82

选择 1954 年、1981 年和 1990~1999 年典型大水年份实测流量资料拟定寸滩站天然水位流量关系线,见图 5.18,可以看出,寸滩站天然水位流量关系非常稳定,各年的水位流量点据分布较为集中,呈单一线型。

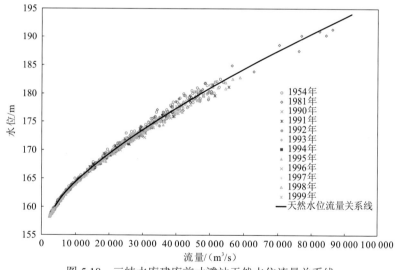

图 5.18　三峡水库建库前寸滩站天然水位流量关系线

2)顶托临界条件

将寸滩站 2010~2020 年实测水位流量点据点绘在天然水位流量关系线上,见图 5.19。可以看出,不同年份水位流量关系没有发生趋势性变化,部分点据与天然水位流量关系线拟合较好,部分则较天然水位流量关系线明显偏左,表明存在一个临界坝前水位,可用来区分寸滩站水位流量关系是否受顶托影响。将寸滩站 2010~2020 年实测水位流量点据按坝前水位进行分组,并将其与天然水位流量关系线进行对比,以分析确定临界坝前水位。

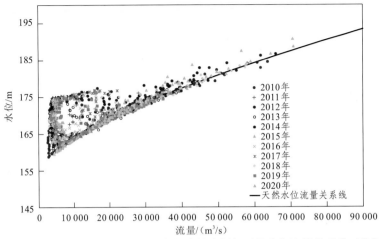

图 5.19　三峡水库建库后寸滩站水位流量点据与天然水位流量关系线对比图

首先，将寸滩站 2010～2020 年实测水位流量点据按坝前水位分成 145～155 m、155～165 m、165～175 m 三组，并将其与天然水位流量关系线进行对照分析，初步判断临界坝前水位所在范围（图 5.20）。可以看出：当坝前水位在 145～155 m 时，上游不同来水条件下寸滩站逐年实测水位流量点据与天然水位流量关系线拟合较好，说明此时寸滩站水位流量关系未受到坝前水位的顶托影响，维持天然状况，寸滩站以上河段仍维持天然水流状态；当坝前水位在 155～165 m 时，上游不同来水条件下寸滩站逐年实测水位流量点据部分与天然水位流量关系线拟合较好，部分明显偏左，表明临界坝前水位处于 155～165 m，临界坝前水位需进一步细分确定；当坝前水位处于 165～175 m 时，上游不同来水条件下寸滩站逐年实测水位流量点据均位于天然水位流量关系线之上，表明此时寸滩站水位流量关系受到的坝前水位顶托影响明显。

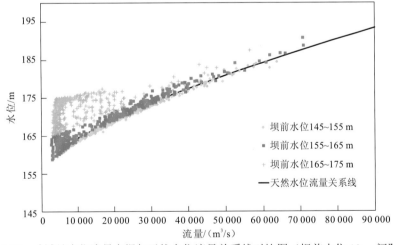

图 5.20　寸滩站水位流量点据与天然水位流量关系线对比图（坝前水位 10 m 间隔）

进一步对坝前水位 155～165 m 按 2 m 间隔细分，即将坝前水位分为 155～157 m、157～159 m、159～161 m、161～163 m 和 163～165 m 这 5 组，并将其与天然水位流量关系线进行对比分析，见图 5.21。可以看出，当坝前水位为 155～157 m、157～159 m 时，寸滩站实测水位流量点据与天然水位流量关系线拟合较好，表明此时寸滩站不受坝前水位影响。当坝前水位为 159～161 m、161～163 m 和 163～165 m 时，寸滩站实测水位流量点据较天然水位流量关系线有较为明显的左偏，且坝前水位越高，左偏越明显。这表明寸滩站是否受顶托影响的临界坝前水位为 159 m，当坝前水位低于 159 m 时，寸滩站水位流量关系与天然情况一致；当坝前水位高于 159 m 时，受坝前水位顶托影响，寸滩站水位流量关系左偏。

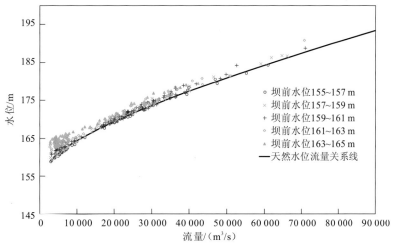

图 5.21　寸滩站水位流量点据与天然水位流量关系线对比图（坝前水位 2 m 间隔）

3）水位流量关系变化分析

当坝前水位超过 169 m 时，寸滩站流量较小，故重点分析当坝前水位处于 159～169 m 时寸滩站水位流量关系的变化，分级拟定以坝前水位为参数的寸滩站水位流量关系线，见图 5.22。统计不同坝前水位情形下寸滩站同流量条件下的水位变化（表 5.14），可以看出，与天然情形相比，三峡水库蓄水后寸滩站水位流量关系偏左，同流量条件下水位较天然情况明显抬高，且抬高值随着坝前水位的上升而增大。

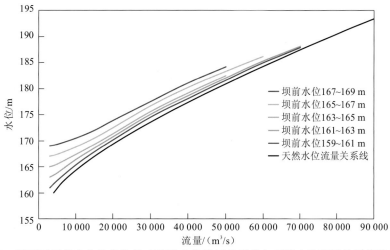

图 5.22　以不同坝前水位为参数的寸滩站水位流量关系线与天然水位流量关系线的对比图

表 5.14　不同坝前水位情形下寸滩站同流量条件下的水位及变化值

天然水位流量关系线		同流量下坝前水位/m					同流量下坝前水位变化值/m				
流量/(m³/s)	水位/m	159～161 m	161～163 m	163～165 m	165～167 m	167～169 m	159～161 m	161～163 m	163～165 m	165～167 m	167～169 m
30 000	173.6	174.5	175.0	175.5	176.6	177.5	0.90	1.40	1.90	3.00	3.90
40 000	177.4	178.1	178.6	179.1	180.2	181.1	0.70	1.20	1.70	2.80	3.70
50 000	180.9	181.6	182.0	182.4	183.3	184.2	0.70	1.10	1.50	2.40	3.30
60 000	184.3	185.0	185.3		186.2		0.70	1.00		1.90	
70 000	187.5	187.9	188.1				0.40	0.60			

（1）当坝前水位处于 159～161 m 时，寸滩站流量由 30 000 m³/s 增大至 70 000 m³/s，相应水位抬高值由 0.90 m 降至 0.40 m；

（2）当坝前水位处于 161～163 m 时，寸滩站流量由 30 000 m³/s 增大至 70 000 m³/s，相应水位抬高值由 1.40 m 降至 0.60 m；

（3）当坝前水位处于 163～165 m 时，寸滩站流量由 30 000 m³/s 增大至 50 000 m³/s，相应水位抬高值由 1.90 m 降至 1.50 m；

（4）当坝前水位处于 165～167 m 时，寸滩站流量由 30 000 m³/s 增大至 60 000 m³/s，相应水位抬高值由 3.00 m 降至 1.90 m；

（5）当坝前水位处于 167～169 m 时，寸滩站流量由 30 000 m³/s 增大至 50 000 m³/s，水位抬高值由 3.90 m 降至 3.30 m。

可见，在相同坝前水位情况下，寸滩站水位抬高值随着流量的增大而减小。

3. 北碚站

分析三峡水库建库后对北碚站水位流量关系的影响时，先分析北碚（二）站天然水位流量关系，再按 0.4‰ 的比降推算得到北碚站天然水位流量关系，并据此分析建库前后北碚站水位流量关系的变化。

1）北碚（二）站天然水位流量关系线

分析北碚（二）站实测流量成果，主要考虑 1952 年、1956 年、1973 年、1975 年、1981 年、1983 年、1984 年、1987 年和 1989 年 9 个大水年（最大日平均流量超过 30 000 m³/s），以及 1961 年和 1966 年两个金沙江来水大的年份，确定三峡水库建库前北碚（二）站天然水位流量关系线，见图 5.23，可以看出，北碚（二）站天然水位流量关系基本稳定，点群分布较集中，绳套较小。

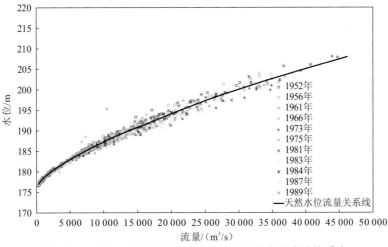

图 5.23　三峡水库建库前北碚（二）站天然水位流量关系线

2）水位流量关系变化分析

将确定的三峡水库前北碚站天然水位流量关系线与三峡水库建库后北碚站 2010～2020 年逐年实测水位流量点据进行对照分析，见图 5.24。可以看出，不同年份水位流量关系没有发生趋势性变化，各年份实测水位流量点据与天然水位流量关系线的走向基本一致，且大部分点据均匀分布在天然水位流量关系线两侧，分布也较为集中。仅 2012 年、2020 年部分点据左偏较为明显。2012 年左偏点据的发生时间为 7 月 24～25 日，2020 年左偏点据的发生时间为 8 月 18～21 日，这期间寸滩站出现三峡水库建库后最高水位（191.68 m，2020 年 8 月 20 日）和第二高水位（186.79 m，2012 年 7 月 24 日）。因此，长江干流高水位的顶托影响是点据左偏的原因。将北碚站 2010～2020 年实测数据按寸滩站水位 160～170 m、170～180 m 和 180 m 以上分为三组，并与天然水位流量关系线点绘在一起进行对比分析，见图 5.25。可以看出，寸滩站水位低于 180 m 时，北碚站水位流量关系不受长江干流水位的顶托影响。以寸滩站水位 2 m 间隔，对寸滩站水位超过 180 m 时的北碚站实测水位流量

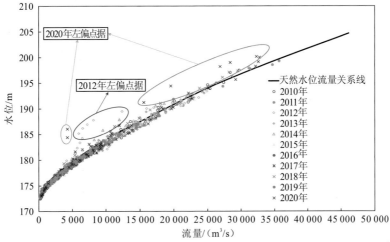

图 5.24　三峡水库建库后（2010～2020 年）北碚站水位流量点据与天然水位流量关系线对比图

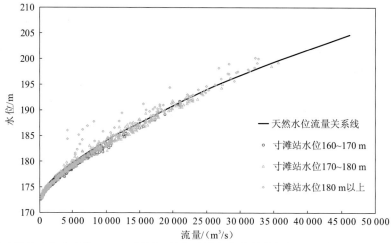

图 5.25　以寸滩站水位为参数（10 m 间隔）的北碚站水位流量点据与天然水位流量关系线的对比图

点据进一步细分，其与天然水位流量关系线的对比情况见图 5.26。可以看出：寸滩站水位超过 182 m 时，北碚站水位流量点据左偏明显，此时受长江干流顶托影响；寸滩站水位低于 182 m 时，北碚站水位流量点据与天然水位流量关系线拟合较好，此时不受长江干流顶托影响。因此，北碚站水位流量关系是否受长江干流顶托影响的临界条件是寸滩站水位为 182 m。

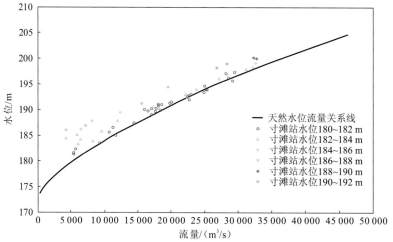

图 5.26　以寸滩站水位为参数（2 m 间隔）的北碚站水位流量点据与天然水位流量关系线的对比图

　　根据受三峡水库坝前水位顶托影响的寸滩站水位流量关系，分析不同三峡水库坝前水位情况下，寸滩站水位为 182 m 时的相应流量，据此确定北碚站是否受顶托影响的临界条件组合：当坝前水位为 159～161 m 时，临界寸滩站流量为 51 100 m³/s；当坝前水位为 161～163 m 时，临界寸滩站流量为 50 000 m³/s；当坝前水位为 163～165 m 时，临界寸滩站流量为 48 700 m³/s；当坝前水位为 165～167 m 时，临界寸滩站流量为 45 700 m³/s；当坝前水位为 167～169 m 时，临界寸滩站流量为 42 900 m³/s。

4. 武隆站

根据武隆站 1960～2003 年实测流量成果，主要考虑 1964 年、1996 年、1999 年和 2003 年 4 个大水年（最大日平均流量超过 20 000 m³/s），确定三峡水库建库前武隆站天然水位流量关系线，见图 5.27。可以看出，武隆站天然水位流量关系基本稳定，可以拟定天然水位流量关系线来代表三峡水库建库前武隆站的天然水位流量关系。

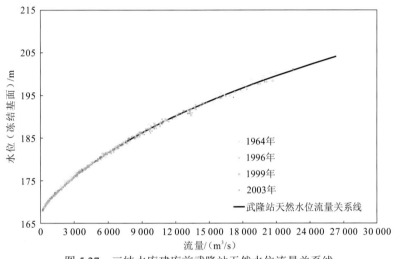

图 5.27　三峡水库建库前武隆站天然水位流量关系线

以茅坪站实测水位代表坝前水位，将坝前水位细分为 145～155 m、155～165 m 和 165～175 m 三组，对武隆站 2010～2018 年实测水位流量点据与天然水位流量关系进行对照分析，见图 5.28。可以看出，不同年份水位流量关系没有发生趋势性变化，且当坝前水位处于 145～155 m、155～165 m 时，大部分年份实测水位流量点据与天然水位流量关系线的走向基本一致，当坝前水位为 165～175 m 时，三峡水库蓄水对武隆站来水有顶托影响。

同时绘制以坝前水位为参数的武隆站水位流量点据分布图（图 5.29），与天然情形相比，三峡水库蓄水后，当坝前水位处于 165 m 以下（包括 165 m）水位级时，武隆站水位流量点据的分布与天然水位流量关系线基本一致；在坝前水位为 170 m 的条件下，可以看出，2010～2018 年水位流量点据与天然水位流量关系线相比略偏左，武隆站洪峰流量小于 3 000 m³/s 时水位较天然水位流量关系线偏高不足 1 m（没有发生洪峰流量大于 3 000 m³/s 的情况）；在坝前水位为 175 m 的条件下，可以看出，2010～2018 年水位流量点据与天然水位流量关系线相比明显偏左，武隆站洪峰流量小于 3 000 m³/s 时水位较天然水位流量关系线偏高 2～4 m，洪峰流量为 3 000～5 000 m³/s 时，水位较天然水位流量关系线偏高 0～2 m，洪峰流量大于 5 000 m³/s 时，武隆站水位与天然水位流量关系线基本一致。

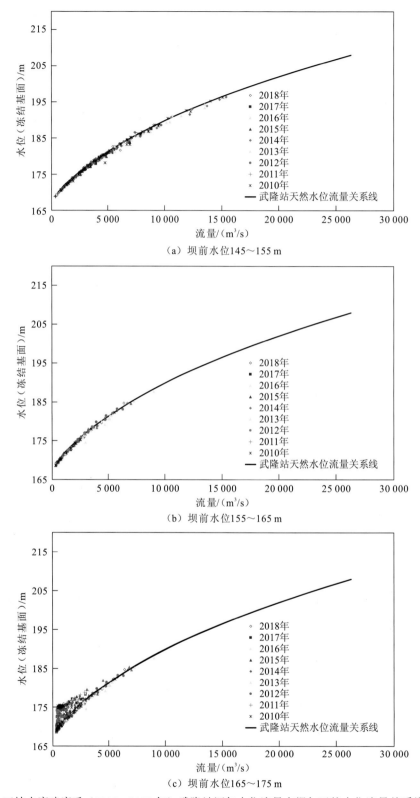

（a）坝前水位145～155 m

（b）坝前水位155～165 m

（c）坝前水位165～175 m

图 5.28　三峡水库建库后（2010～2018 年）武隆站逐年水位流量点据与天然水位流量关系线的对比图

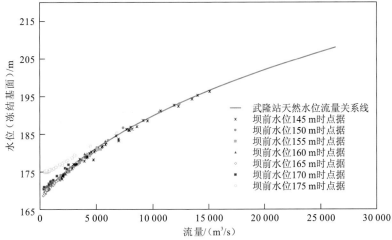

图 5.29 以不同坝前水位为参数的武隆站水位流量点据与天然水位流量关系线的对比图

5.3 三峡水库库尾河段控制断面行洪能力

根据三峡水库运行前后库尾干支流各控制断面的形态、水面比降及水位流量关系等分析成果,对各断面水位-流量、水位-面积、水位-平均流速关系进行深入研究,分析各控制断面不同来流量和不同坝前水位条件下库尾河段控制断面的行洪能力变化规律。

5.3.1 三峡水库蓄水运用后库尾河段水面比降变化

鉴于重庆市主城区河段是三峡水库库尾重要的防洪保护对象,长寿河段是三峡水库库尾淹没风险较大的河段,故分析重庆市主城区河段和长寿河段的水面线变化是十分必要的。对于重庆市主城区河段,长江干流河段的分析范围为鹅公岩站至铜锣峡站段,嘉陵江河段的分析范围为北碚站至磁器口站段,长寿附近河段的分析范围为扇沱站至卫东站段。分析方法为:根据 5.1 节回水末端分析成果,确定坝前水位为 145 m 和 155 m(175 m 时,三峡库区处于枯水期,故不予讨论)时,重庆市主城区河段和长寿河段是否位于三峡水库回水范围内;若位于回水范围内,则分析其水面比降相对于天然情况的变化。

1. 长寿河段水面比降变化分析

当三峡水库坝前水位为 145 m,入库流量超过 30 000 m³/s 时,回水末端的位置在卫东站的下游,即汛期当三峡水库入库流量大于 30 000 m³/s 时,长寿河段为天然河段,水面比降不发生变化。当坝前水位为 155 m,三峡水库入库流量超过 50 000 m³/s 时,水库回水末端在卫东站下游。因此,分析入库流量在 30 000 m³/s、35 000 m³/s 量级时,长寿河段水面比降变化情况。结果表明:入库流量级为 30 000 m³/s 时,长寿河段天然情况的水面比降为 0.19‰,坝前水位为 155 m 时水面比降为 0.09‰,相比于天然情况减小 0.1‰;入库流量级为 35 000 m³/s 时，长寿河段天然情况的水面比降为 0.16‰，坝前水位为 155 m 时水面比降为 0.09‰，相比于天然情况减小 0.07‰。

2. 重庆市主城区河段水面比降变化分析

当三峡水库坝前水位为 145 m 时，水库回水末端始终位于铜锣峡站下游，此时重庆市主城区河段的水面比降与天然情况一致。当坝前水位为 155 m，三峡水库入库流量超过 30 000 m³/s 时，水库的回水末端在铜锣峡站下游，此时重庆市主城区河段的水面比降与天然情况一致。因此，重庆市主城区长江干流河段在汛期发生大水时，水面比降与天然情况基本一致。

3. 重庆市主城区河段大水年水面比降分析

由于重庆市主城区河段属防洪重点关注河段，需分析该河段大水年的水面比降情况。对于长江干流，选取 1981 年、2010 年、2012 年和 2020 年作为典型大水年，采用朱沱站、鹅公岩站、玄坛庙站和寸滩站等水文（位）站的资料分析发生大洪水时朱沱站至寸滩站段、玄坛庙站至寸滩站段、鹅公岩站至寸滩站段的水面比降。对于嘉陵江，选取 2010 年、2011 年和 2020 年作为典型大水年，采用北碚站和磁器口站水位资料，分析发生大洪水时北碚站至磁器口站段的水面比降。

对于长江干流，采用各典型年寸滩站年最大流量出现当天的水位资料进行水面比降分析。1981 年寸滩站最大流量为 85 700 m³/s（1981 年 7 月 16 日），2010 年寸滩站最大流量为 64 000 m³/s（2010 年 7 月 19 日），2012 年寸滩站最大流量为 66 000 m³/s（2012 年 7 月 24 日），2020 年寸滩站最大流量为 77 600 m³/s（2020 年 8 月 20 日）。计算得到的各典型大水年的水面比降见表 5.15。

表 5.15   长江干流各典型大水年水面比降表   （单位：‰）

河段	1981 年	2010 年	2012 年	2020 年
朱沱站至寸滩站段	0.14	0.17	0.19	0.15
玄坛庙站至寸滩站段	—	0.18	0.15	0.16
鹅公岩站至寸滩站段	—	0.14	0.17	0.13

对于嘉陵江，采用各典型年北碚站年最大流量出现当天的水位资料进行水面比降分析。2010 年北碚站最大流量为 31 900 m³/s（2010 年 7 月 20 日），2011 年北碚站最大流量为 35 700 m³/s（2011 年 9 月 20 日），2020 年北碚站最大流量为 32 600 m³/s（2020 年 8 月 19 日）。计算得到的各典型大水年的水面比降见表 5.16。

表 5.16   嘉陵江各典型大水年水面比降表   （单位：‰）

河段	2010 年	2011 年	2020 年
北碚站至磁器口站段	0.29	0.38	0.20

5.3.2　主要水文控制站行洪能力变化

对于三峡水库库尾河段的朱沱站、寸滩站、北碚站和武隆站等水文站而言，朱沱站位于三峡水库正常蓄水位回水末端的上游，三峡水库建库前后控制断面面积及水位流量关系均基本稳定；嘉陵江北碚站断面稳定，建库后 2010～2020 年水位流量关系与建库前相比也基本稳定，仅长江干流来水较大、水位较高（寸滩站水位超过 182 m）时，会对北碚站产生顶托影响；乌江武隆站在三峡水库建库后仅在坝前水位为 175 m 且乌江来水小于 5 000 m³/s 时，受三峡库区回水顶托影响，乌江来水大于 5 000 m³/s 时，武隆站水位流量关系与天然水位流量关系线基本一致。而寸滩站的行洪能力变化关系到重庆市的防洪形势，其水位流量关系影响三峡水库入库洪水计算的准确性（闵要武 等，2011）。因此，本小节主要分析寸滩站控制断面行洪能力的变化。通过对寸滩站近年来水位-断面面积、水位-断面平均流速、水位-流量关系变化的分析，对寸滩站的行洪能力变化进行分析。

1. 寸滩站水位-断面面积变化

根据三峡水库建库前后寸滩站水位-断面面积变化可知（表 5.17），寸滩站 2010～2018 年不同水位条件下控制断面平均面积较 2003 年有所变化，水位在 164～176 m 时，断面略有冲刷，断面面积变化幅度为 0.0～3.9%；水位在 176～190 m 时，断面面积减小，变化幅度为-2.3%～0.0。

表 5.17　寸滩站不同水位条件下断面面积变化

水位/m	2003 年断面面积（①）/m²	2018 年断面面积（②）/m²	2010～2018 年平均断面面积（③）/m²	②-①/m²	③-①/m²	[(②-①)/①]×100/%	[(③-①)/①]×100/%
164	4 536	4 634	4 713	98	177	2.2	3.9
166	5 903	6 011	6 092	108	189	1.8	3.2
168	7 374	7 467	7 554	93	180	1.3	2.4
170	8 893	8 966	9 057	73	164	0.8	1.8
172	10 452	10 489	10 579	37	127	0.4	1.2
174	12 037	12 018	12 107	-19	70	-0.2	0.6
176	13 646	13 555	13 642	-91	-4	-0.7	0.0
178	15 273	15 097	15 184	-176	-89	-1.2	-0.6
180	16 917	16 654	16 741	-263	-176	-1.6	-1.0
182	18 579	18 228	18 317	-351	-262	-1.9	-1.4
184	20 259	19 813	19 907	-446	-352	-2.2	-1.7

续表

水位/m	2003年断面面积（①）/m²	2018年断面面积（②）/m²	2010～2018年平均断面面积（③）/m²	②-①/m²	③-①/m²	[（②-①)/①]×100/%	[（③-①)/①]×100/%
186	21 955	21 413	21 517	-542	-438	-2.5	-2.0
188	23 669	23 027	23 162	-642	-507	-2.7	-2.1
190	25 401	24 655	24 827	-746	-574	-2.9	-2.3

2. 寸滩站水位-断面平均流速变化

根据寸滩站水位流量关系分析成果可知，寸滩站是否受顶托的临界坝前水位为 159 m，故对坝前水位高于 159 m 时，寸滩站年实测流速资料进行细分，如图 5.30 所示。可以看出，水位-断面平均流速点据明显受到三峡水库坝前水位的顶托影响，以各组水位-断面平均流速点群中心绘制水位-断面平均流速关系线，见图 5.31 和表 5.18。

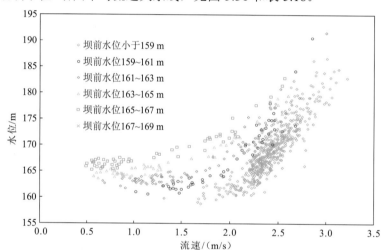

图 5.30　以三峡水库坝前水位为参数的寸滩站水位-断面平均流速点据图

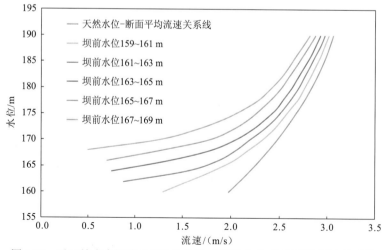

图 5.31　以三峡水库坝前水位为参数的寸滩站水位-断面平均流速关系线

表 5.18　寸滩站不同坝前水位条件下断面平均流速及其变化值

寸滩站水位 /m	断面平均流速/(m/s)						较天然断面平均流速的变化值/%				
	天然	159~161 m	161~163 m	163~165 m	165~167 m	167~169 m	159~161 m	161~163 m	163~165 m	165~167 m	167~169 m
164	2.19	1.809	1.529	0.754	—	—	-17.4	-30.2	-65.6	—	—
166	2.29	2.025	1.858	1.352	0.700	—	-11.6	-18.9	-41.0	-69.4	—
168	2.38	2.175	2.046	1.788	1.282	0.500	-8.6	-14.0	-24.9	-46.1	-79.0
170	2.47	2.321	2.186	2.041	1.772	1.260	-6.0	-11.5	-17.4	-28.3	-49.0
172	2.56	2.439	2.332	2.218	2.019	1.653	-4.7	-8.9	-13.4	-21.1	-35.4
174	2.63	2.531	2.450	2.353	2.186	1.938	-3.8	-6.8	-10.5	-16.9	-26.3
176	2.71	2.617	2.542	2.466	2.310	2.143	-3.4	-6.2	-9.0	-14.8	-20.9
178	2.77	2.700	2.622	2.542	2.418	2.300	-2.5	-5.3	-8.2	-12.7	-17.0
180	2.84	2.762	2.700	2.628	2.520	2.418	-2.7	-4.9	-7.5	-11.3	-14.9
182	2.89	2.822	2.757	2.692	2.595	2.520	-2.4	-4.6	-6.9	-10.2	-12.8
184	2.94	2.875	2.816	2.757	2.671	2.600	-2.2	-4.2	-6.2	-9.1	-11.6
186	2.99	2.929	2.870	2.822	2.741	2.671	-2.0	-4.0	-5.6	-8.3	-10.7
188	3.03	2.972	2.929	2.875	2.811	2.746	-1.9	-3.3	-5.1	-7.2	-9.4
190	3.06	3.015	2.972	2.924	2.875	2.816	-1.5	-2.9	-4.4	-6.0	-8.0

可以看出：当坝前水位为 159~161 m，寸滩站水位在 164~190 m 时，断面平均流速较天然情况的减小幅度为 1.5%~17.4%；当坝前水位为 161~163 m，寸滩站水位在 164~190 m 时，断面平均流速较天然情况的减小幅度为 2.9%~30.2%；当坝前水位为 163~165 m，寸滩站水位在 166~190 m 时，断面平均流速较天然情况的减小幅度为 4.4%~41.0%；当坝前水位为 165~167 m，寸滩站水位在 168~190 m 时，断面平均流速较天然情况的减小幅度为 6.0%~46.1%；当坝前水位为 167~169 m，寸滩站水位在 170~190 m 时，断面平均流速较天然情况的减小幅度为 8.0%~49.0%。

3. 寸滩站水位流量关系变化

根据三峡水库建库前后寸滩站水位流量关系变化的分析情况（表 5.19）可知，在不同坝前水位条件下，三峡水库蓄水后相比于天然情形，寸滩站同水位下过流流量减小，坝前水位越高，流量减小幅度越大。三峡水库建库后，当坝前水位为 159~161 m，寸滩站水位在 164~190 m 时，流量较三峡水库建库前的减小幅度为 1.5%~18.8%；当坝前水位为 161~163 m，寸滩站水位在 164~190 m 时，流量较三峡水库建库前的减小幅度为 2.5%~42.8%；当坝前水位为 163~165 m，寸滩站水位在 166~190 m 时，流量较三峡水库建库前的减小幅度为 3.9%~50.1%；当坝前水位为 165~167 m，寸滩站水位在 168~190 m 时，流量较三峡水库建库前的减小幅度为 5.9%~55.7%；当坝前水位为 167~169 m，寸滩站水位在 170~190 m 时，流量较三峡水库建库前的减小幅度为 9.1%~61.7%。可以看出，流量的减少幅度较流速的减少幅度更大，这是由寸滩断面冲刷，同水位下断面过水面积略有增加导致的。

表 5.19　以不同坝前水位为参数的寸滩站不同水位条件下的流量及其变化

寸滩站水位 /m	流量/(m³/s)						较天然流量变化值/%				
	天然	159~ 161 m	161~ 163 m	163~ 165 m	165~ 167 m	167~ 169 m	159~ 161 m	161~ 163 m	163~ 165 m	165~ 167 m	167~ 169 m
164	9 440	7 670	5 400	—	—	—	-18.8	-42.8	—	—	—
166	12 800	11 200	9 400	6 390	—	—	-12.5	-26.6	-50.1	—	—
168	16 500	15 000	13 900	11 700	7 310	—	-9.1	-15.8	-29.1	-55.7	—
170	20 700	19 500	18 300	16 700	13 600	7 920	-5.8	-11.6	-19.3	-34.3	-61.7
172	25 300	24 200	22 900	21 700	18 800	15 000	-4.3	-9.5	-14.2	-25.7	-40.7
174	30 000	28 800	27 600	26 400	23 700	20 300	-4.0	-8.0	-12.0	-21.0	-32.3
176	35 600	34 200	32 800	31 400	28 500	25 800	-3.9	-7.9	-11.8	-19.9	-27.5
178	41 100	39 700	38 300	36 900	33 900	31 400	-3.4	-6.8	-10.2	-17.5	-23.6
180	46 900	45 400	44 100	42 700	39 400	36 900	-3.2	-6.0	-9.0	-16.0	-21.3
182	52 600	51 200	50 000	48 800	45 800	42 900	-2.7	-4.9	-7.2	-12.9	-18.4
184	58 500	57 300	56 100	55 000	52 400	49 400	-2.1	-4.1	-6.0	-10.4	-15.6
186	65 000	63 700	62 500	61 300	59 300	56 400	-2.0	-3.8	-5.5	-8.8	-13.2
188	71 900	70 400	69 600	68 600	66 700	64 000	-2.1	-3.2	-4.6	-7.2	-11.0
190	79 300	78 100	77 300	76 200	74 600	72 100	-1.5	-2.5	-3.9	-5.9	-9.1

5.3.3　重庆市主城区河段行洪能力变化

本小节重点分析长江干流鹅公岩站、朝天门（长江与嘉陵江入汇口）及嘉陵江磁器口站的行洪能力变化情况。其中，朝天门与玄坛庙站的位置接近，水位相差不大。玄坛庙站位于重庆市南岸区玄坛庙长江右岸，下游 1 km 为长江与嘉陵江汇合口，右岸陡峭，左岸为沙滩，河道较顺直，断面比较稳定，故选用玄坛庙站的水位代表朝天门水位。

1. 朝天门行洪能力变化

玄坛庙站为水位站，无流量测验数据。由玄坛庙站与寸滩站日均水位相关分析成果（图 5.32）可以看出，玄坛庙站与寸滩站日均水位相关性较好。因此，本次采用 2003~2020 年玄坛庙站日均水位数据，结合寸滩站同时段日均流量数据，绘制朝天门水位流量点据图（图 5.33），以分析该断面受三峡水库坝前水位顶托的影响。

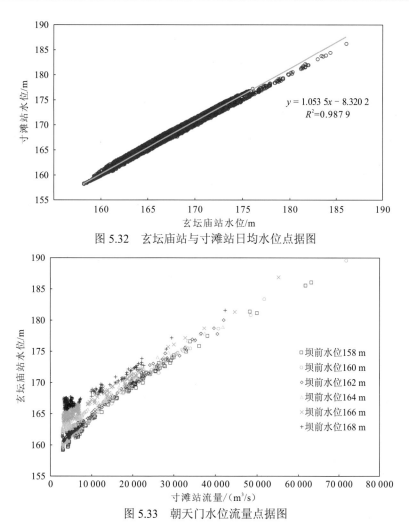

图 5.32　玄坛庙站与寸滩站日均水位点据图

图 5.33　朝天门水位流量点据图

可以看出，在三峡水库坝前水位超过 160 m 时，朝天门水位将受到三峡水库的顶托影响，其受顶托影响的模式与寸滩站类似。因此，根据玄坛庙站至寸滩站段典型大水年的水面比降成果，将寸滩站水位流量关系推算至朝天门，并分析各设计洪水位的行洪能力变化，见表 5.20。

利用 2010 年、2012 年洪水（以嘉陵江来水为主）水面比降推算朝天门水位流量关系，可以看出：三峡水库坝前水位为 160 m 时，各频率设计洪水位相应流量的减小幅度为 0.00～3.55%；三峡水库坝前水位为 162 m 时，各频率设计洪水位相应流量的减小幅度为 0.50%～5.22%；三峡水库坝前水位为 164 m 时，各频率设计洪水位相应流量的减小幅度为 1.45%～6.99%；三峡水库坝前水位为 166 m 时，各频率设计洪水位相应流量的减小幅度为 2.47%～11.34%；三峡水库坝前水位为 168 m 时，各频率设计洪水位相应流量的减小幅度为 4.78%～16.38%。

2. 鹅公岩站行洪能力变化

鹅公岩站位于重庆市九龙坡区大件码头旁长江左岸，下距长江与嘉陵江汇合口约 11 km（河道里程），河道较顺直，断面基本稳定。鹅公岩站仅有水位测验数据，无流量数

表 5.20　典型大水年朝天门设计洪水位时的行洪能力表

典型年	三峡水库坝前水位/m	流量/(m³/s)					与天然情况相比的流量差/%				
		1%(194.19 m)	2%(192.41 m)	5%(190.11 m)	10%(188.21 m)	20%(185.8 m)	1%(194.19 m)	2%(192.41 m)	5%(190.11 m)	10%(188.21 m)	20%(185.8 m)
2010年	天然	86 921	80 825	73 207	67 081	59 526					
	160	86 921	80 825	72 081	65 314	57 410	0.00	0.00	-1.54	-2.63	-3.55
	162	86 457	80 145	71 312	64 432	56 417	-0.53	-0.84	-2.59	-3.95	-5.22
	164	85 591	79 004	70 158	63 361	55 366	-1.53	-2.25	-4.16	-5.55	-6.99
	166	84 660	77 671	68 300	61 263	52 773	-2.60	-3.90	-6.70	-8.67	-11.34
	168	82 566	75 171	65 764	58 361	49 777	-5.01	-7.00	-10.17	-13.00	-16.38
2012年	天然	87 708	81 613	73 966	67 805	60 222					
	160	87 708	81 613	72 965	66 107	58 096	0.00	0.00	-1.35	-2.50	-3.53
	162	87 272	80 961	72 196	65 254	57 122	-0.50	-0.80	-2.39	-3.76	-5.15
	164	86 437	79 888	71 042	64 182	56 092	-1.45	-2.11	-3.95	-5.34	-6.86
	166	85 538	78 629	69 152	62 115	53 577	-2.47	-3.66	-6.51	-8.39	-11.03
	168	83 516	76 129	66 684	59 182	50 575	-4.78	-6.72	-9.85	-12.72	-16.02

据，朱沱站与鹅公岩站集水面积相差不大，且区间无大支流入汇，因此将朱沱站的流量数据移用至鹅公岩站，绘制鹅公岩站水位流量点据图（图5.34），用以分析该站受三峡水库水位顶托的影响。本次分析选取2003～2020年朱沱站日均流量和鹅公岩站日均水位资料，同时为减少嘉陵江入汇对鹅公岩站水位的顶托作用，筛选出北碚站日均流量低于 5 000 m³/s 的资料系列。可以看出，三峡水库坝前水位低于164 m 时，鹅公岩站不受三峡水库坝前水位的顶托影响。因此，可以认为，坝前水位超过164 m 时，鹅公岩站在三峡水库建库后行洪能力发生变化；当坝前水位低于164 m 时，鹅公岩站在三峡水库建库后行洪能力未发生变化。

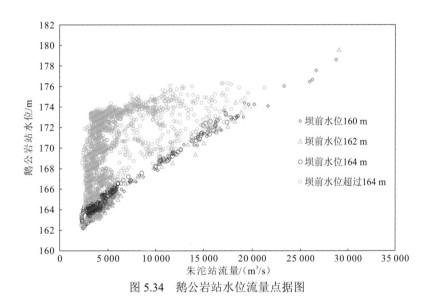

图 5.34 鹅公岩站水位流量点据图

3. 磁器口站行洪能力变化

磁器口站为嘉陵江下游基本水位站，位于重庆市沙坪坝区磁器口镇，为重庆市主城区重要防洪控制点。磁器口站仅有水位测验成果，无流量数据，北碚站与磁器口站集水面积相差不大，且区间无大支流入汇，因此将北碚站的流量数据移用至磁器口站，绘制磁器口站水位流量点据图（图5.35），用以分析该站受三峡水库坝前水位顶托的影响。本次分析选取2009～2020年北碚站日均流量与磁器口站日均水位资料,同时为减少长江干流来水对磁器口站水位的顶托作用，筛选出朱沱站日均流量低于 10 000 m³/s 的资料系列。可以看出，三峡水库坝前水位低于166 m 时，磁器口站不受坝前水位的顶托影响。因此，可以认为，坝前水位超过166 m 时，磁器口站在三峡水库建库后行洪能力发生变化；当坝前水位低于166 m 时，磁器口站在三峡水库建库后行洪能力未发生变化。

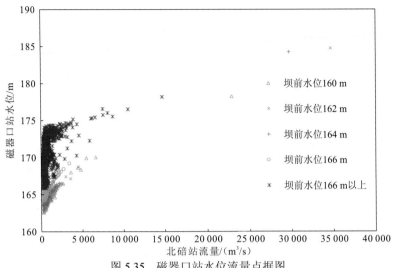

图 5.35　磁器口站水位流量点据图

第6章

三峡水库淹没可控的临界水位与流量

确定库区淹没可控的临界水位及流量，为运行管理与调度决策部门提供避免库区淹没的库水位和入库流量上限值，有助于在水库优化调度的同时尽可能地降低库区回水淹没的影响，对科学指导水库优化调度和及时响应社会关心问题意义重大。为便于指导三峡水库实际调度运行，本章将三峡水库入库流量按寸滩站来水为主、区间来水为主、武隆站来水为主三种情况来考虑，适当考虑水库拦蓄的实际情况，针对不同来水组合和调度情况，研究提出淹没可控的临界水位及流量约束指标。选取 2012 年 7 月、2014 年 9 月、2018 年 4 月实际洪水，对研究提出的三峡水库淹没可控的临界水位、流量约束指标进行淹没预判检验，检验结果与实测资料吻合较好。同时，结合典型洪水过程，提出规避库区淹没风险的调度运行建议。

6.1 不同来水组合对三峡库区水面线的影响

基于第4章构建的三峡水库洪水演进计算模型，考虑以干流寸滩站来水为主、以区间来水为主、以武隆站来水为主等来水类型，结合不同的坝前水位运行条件，模拟计算不同来水组合对库区水面线的影响。

6.1.1 以寸滩站来水为主

在以寸滩站来水为主型的洪水中，三峡水库区间来水按近年汛期平均流量 1 200 m³/s 考虑，武隆站流量按 1952 年以来的汛期（5～7 月）平均流量 2 960 m³/s 考虑，调度方式按照出、入库平衡考虑。寸滩站流量考虑 10 000～70 000 m³/s 不同流量级，坝前水位考虑 145～175 m 不同水位级，不同条件对库区水面线影响的计算结果见图 6.1～图 6.7。

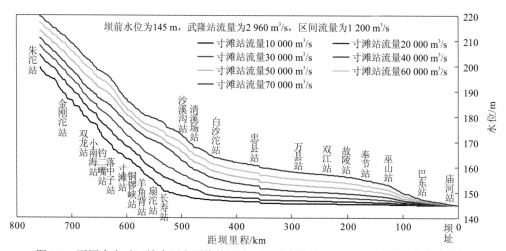

图 6.1　不同来水对三峡库区水面线的影响（坝前水位为 145 m，以寸滩站来水为主）

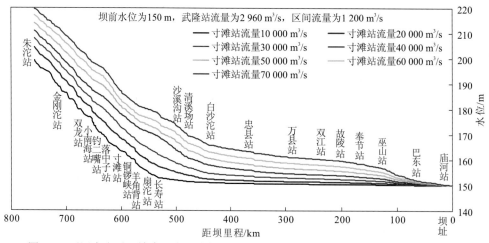

图 6.2　不同来水对三峡库区水面线的影响（坝前水位为 150 m，以寸滩站来水为主）

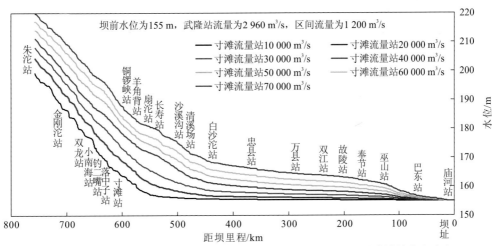

图 6.3　不同来水对三峡库区水面线的影响（坝前水位为 155 m，以寸滩站来水为主）

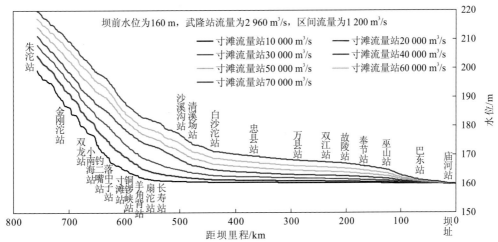

图 6.4　不同来水对三峡库区水面线的影响（坝前水位为 160 m，以寸滩站来水为主）

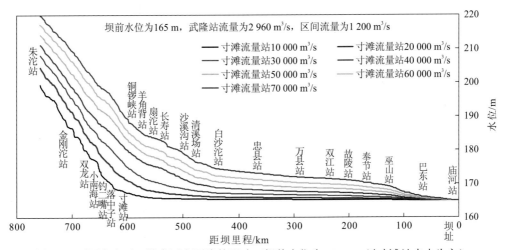

图 6.5　不同来水对三峡库区水面线的影响（坝前水位为 165 m，以寸滩站来水为主）

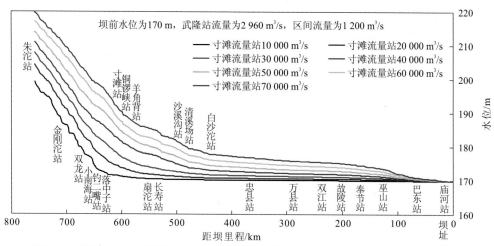

图 6.6　不同来水对三峡库区水面线的影响（坝前水位为 170 m，以寸滩站来水为主）

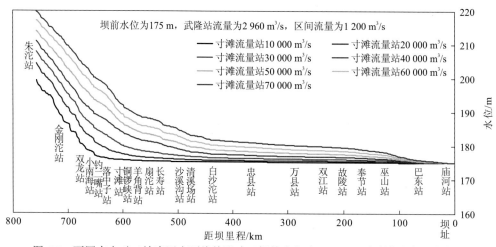

图 6.7　不同来水对三峡库区水面线的影响（坝前水位为 175 m，以寸滩站来水为主）

从计算结果可知：①与实测水面线呈现的规律一致，库区存在巫山站至巴东站段和清溪场站至白沙沱站段两个明显的壅水段，白沙沱站至巫山站段水面比降较缓，清溪场站以上库段以河道特性为主，主要受入库流量影响，巫山站至巴东站段壅水作用主要发生在寸滩站 30 000 m³/s 及以上流量，清溪场站至白沙沱站段壅水作用主要发生在寸滩站 20 000 m³/s 及以上流量，寸滩站流量不超过 20 000 m³/s 时白沙沱站以下库段的水面线接近水平；②随着坝前水位的不断抬高，巫山站至巴东站段和清溪场站至白沙沱站段两个壅水段的壅水作用有所减弱，但其壅水作用依然明显，且入库流量越大，其壅水作用越明显；③白沙沱站至巫山站段的水面比降受入库流量和下游壅水段顶托的双重影响，其中忠县站至奉节站段的水面线接近水平，巫山站至巴东站段的卡口壅水作用使得白沙沱站至巫山站段的水面线变化只是间接受到坝前水位的影响；④巴东站以下水面线主要受坝前水位的影响，其水位与坝前水位基本一致，并基本呈水平涨落。

6.1.2 以区间来水为主

在以区间来水为主型的洪水中,寸滩站流量按 40 000 m³/s 考虑,武隆站流量按 2 960 m³/s 考虑,调度方式按照出、入库平衡考虑。区间流量考虑 1 200 m³/s、10 000 m³/s、20 000 m³/s、25 000 m³/s、30 000 m³/s 共 5 个流量级,坝前水位考虑 150 m、160 m、170 m 共 3 个水位级,不同条件对库区水面线影响的计算结果见图 6.8～图 6.10。

从计算结果来看:①区间流量增大对库区水面线的抬高影响主要发生在清溪场站至巫山站段,其影响程度向两头逐渐减小,最远可影响到小南海站附近,随着区间流量的加大,白沙沱站至巫山站段基本呈平行抬高趋势;②坝前水位不变,随着区间流量的不断增大,区间流量增大对库区水面线抬高的影响在不断增大,但增大值很小;③随着坝前水位的不断抬高,区间流量增大对库区水面线抬高的影响在不断减小。

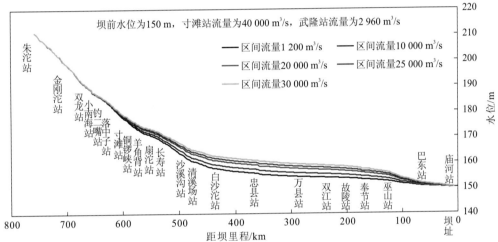

图 6.8　不同来水对三峡库区水面线的影响（坝前水位为 150 m,以区间来水为主）

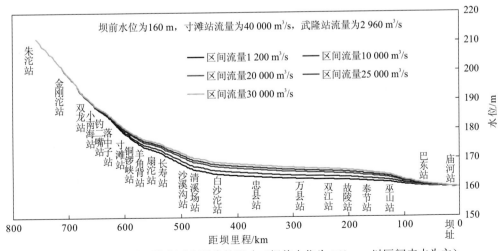

图 6.9　不同来水对三峡库区水面线的影响（坝前水位为 160 m,以区间来水为主）

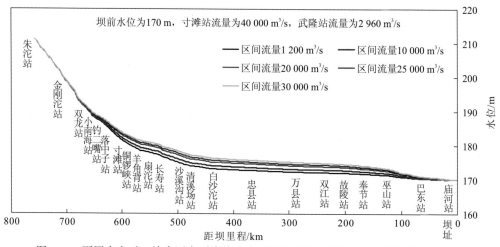

图 6.10　不同来水对三峡库区水面线的影响（坝前水位为 170 m，以区间来水为主）

6.1.3　以武隆站来水为主

在以武隆站来水为主型的洪水中，寸滩站流量按 40 000 m³/s 考虑，区间流量按 1 200 m³/s 考虑，调度方式按照出、入库平衡考虑。武隆站流量考虑 2 960 m³/s、10 000 m³/s、15 000 m³/s、20 000 m³/s、25 000 m³/s 共 5 个流量级，坝前水位考虑 150 m、160 m、170 m 共 3 个水位级，不同条件对库区水面线影响的计算结果见图 6.11～图 6.13。

从计算结果来看，以武隆站来水为主型洪水的库区水面线变化规律与以区间来水为主型洪水相似，可得：①武隆站流量增大对库区水面线的抬高影响主要发生在长寿站至巫山站段，其影响程度向两头逐渐减小，最远可影响到小南海站附近，随着区间流量的加大，白沙沱站至巫山站段基本呈平行抬高趋势；②坝前水位不变，随着武隆站流量的不断增大，武隆站流量增大对库区水面线抬高的影响在不断增大，但增大值很小；③随着坝前水位的不断抬高，武隆站流量增大对库区水面线抬高的影响在不断减小。

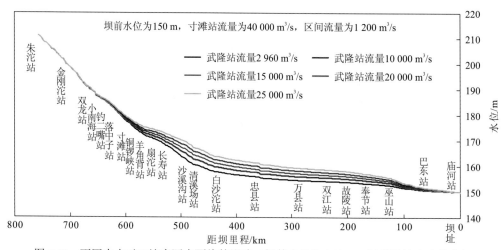

图 6.11　不同来水对三峡库区水面线的影响（坝前水位为 150 m，以武隆站来水为主）

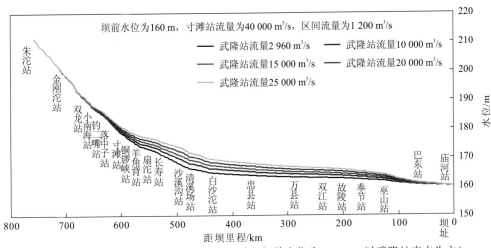

图 6.12 不同来水对三峡库区水面线的影响（坝前水位为 160 m，以武隆站来水为主）

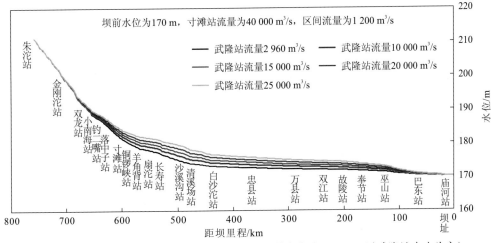

图 6.13 不同来水对三峡库区水面线的影响（坝前水位为 170 m，以武隆站来水为主）

6.2 三峡水库淹没可控的临界水位及流量约束指标

三峡水库为中下游防洪减压调度时，为尽量避免库区回水淹没，需要明确不同运行条件下库区淹没可控的临界指标，为运行管理部门的调度决策提供快速辅助支持。试验性蓄水运用以来，汛期为避免下游沙市站与城陵矶站的水位超警戒水位，三峡水库开展了中小洪水减压调度运用，水库最大下泄流量一般控制在 42 000 m³/s 以下。因此，为使计算结果更加接近实际，本节首先以出库流量不大于 42 000 m³/s 为控制，进行三峡库区淹没可控的临界指标计算研究，同时对出库流量为 30 000 m³/s、35 000 m³/s、40 000 m³/s、45 000 m³/s、50 000 m³/s、55 000 m³/s 等条件开展计算研究。由于汛期淹没主要发生在变动回水区，结合三峡水库蓄水运用以来的实际洪水发生情况，重点将以寸滩站来水为主型洪水作为研究对象。

6.2.1 以寸滩站来水为主型洪水的库区淹没临界值

1. 出库流量按 42 000 m³/s 控制的计算结果

对于以寸滩站来水为主型的洪水，区间流量按 1 200 m³/s 考虑，武隆站流量按 2 960 m³/s 考虑。对于水库调度方式，当入库流量大于 42 000 m³/s 时，出库流量按 42 000 m³/s 控制；当入库流量小于 42 000 m³/s 时，按出、入库平衡控制。实际调度中，当入库流量小于 42 000 m³/s 时，在保证下游防洪安全、尽量减轻下游防洪压力的前提下，若出库流量按 42 000 m³/s 控制，坝前水位将会逐渐降低，库区淹没风险相应也会降低，本节按照"偏不利"的工况计算分析库区淹没临界值。

在三峡水库库尾河段，清溪场站的流量大小直接影响库尾淹没。清溪场站位于常年回水区上段，参考近年实际观测情况，拟考虑清溪场站流量等于寸滩站流量和清溪场站流量比寸滩站流量小 3 000 m³/s 两种工况，库区沿程流量分配按河长距离插值确定。通过不同坝前水位与来水组合的计算，按照库区水面线不超移民线和土地线分别给出临界流量。两种工况的计算结果见表 6.1、表 6.2 和图 6.14、图 6.15。

表 6.1 以寸滩站来水为主型洪水的入库临界流量（清溪场站流量等于寸滩站流量）

坝前水位 /m	不超移民线临界流量			不超土地线临界流量		
	总入流 /(m³/s)	寸滩站 /(m³/s)	超线地点（距坝里程）	总入流 /(m³/s)	寸滩站 /(m³/s)	超线地点（距坝里程）
145	79 160	75 000	长寿站（535.17 km）	68 160	64 000	杨家湾（551.35 km）
146	79 160	75 000	长寿站（535.17 km）	67 160	63 000	杨家湾（551.35 km）
147	78 160	74 000	长寿站（535.17 km）	67 160	63 000	杨家湾（551.35 km）
148	78 160	74 000	长寿站（535.17 km）	67 160	63 000	杨家湾（551.35 km）
149	78 160	74 000	长寿站（535.17 km）	66 160	62 000	杨家湾（551.35 km）
150	77 160	73 000	长寿站（535.17 km）	66 160	62 000	杨家湾（551.35 km）
151	77 160	73 000	长寿站（535.17 km）	66 160	62 000	杨家湾（551.35 km）
152	76 160	72 000	长寿站（535.17 km）	65 160	61 000	杨家湾（551.35 km）
153	76 160	72 000	长寿站（535.17 km）	64 160	6 0000	杨家湾（551.35 km）
154	75 160	71 000	长寿站（535.17 km）	64 160	60 000	杨家湾（551.35 km）
155	74 160	70 000	长寿站（535.17 km）	63 160	59 000	杨家湾（551.35 km）
156	74 160	70 000	长寿站（535.17 km）	62 160	58 000	杨家湾（551.35 km）
157	73 160	69 000	长寿站（535.17 km）	61 160	57 000	杨家湾（551.35 km）
158	72 160	68 000	长寿站（535.17 km）	60 160	56 000	杨家湾（551.35 km）
159	71 160	67 000	长寿站（535.17 km）	59 160	55 000	杨家湾（551.35 km）
160	70 160	66 000	长寿站（535.17 km）	57 160	53 000	杨家湾（551.35 km）
161	69 160	65 000	长寿站（535.17 km）	55 160	51 000	杨家湾（551.35 km）

续表

坝前水位 /m	不超移民线临界流量			不超土地线临界流量		
	总入流 /(m³/s)	寸滩站 /(m³/s)	超线地点（距坝里程）	总入流 /(m³/s)	寸滩站 /(m³/s)	超线地点（距坝里程）
162	67 160	63 000	长寿站（535.17 km）	54 160	50 000	芝麻坪（545.56 km）
163	66 160	62 000	长寿站（535.17 km）	52 160	48 000	芝麻坪（545.56 km）
164	64 160	60 000	长寿站（535.17 km）	50 160	46 000	芝麻坪（545.56 km）
165	62 160	58 000	长寿区（530.87 km）	48 160	44 000	芝麻坪（545.56 km）
166	60 160	56 000	长寿区（530.87 km）	46 160	42 000	芝麻坪（545.56 km）
167	57 160	53 000	长寿区（530.87 km）	44 160	40 000	芝麻坪（545.56 km）
168	54 160	5 0000	长寿区（530.87 km）	43 160	39 000	芝麻坪（545.56 km）
169	51 160	47 000	长寿区（530.87 km）	40 160	36 000	芝麻坪（545.56 km）
170	47 160	43 000	长寿区（530.87 km）	38 160	34 000	芝麻坪（545.56 km）
171	44 160	40 000	瓦罐窑（528.58 km）	36 160	32 000	芝麻坪（545.56 km）
172	41 160	37 000	瓦罐窑（528.58 km）	34 160	30 000	芝麻坪（545.56 km）
173	38 160	34 000	瓦罐窑（528.58 km）	31 160	27 000	芝麻坪（545.56 km）
174	36 160	32 000	瓦罐窑（528.58 km）	25 160	21 000	瓦罐窑（528.58 km）
174.5	34 160	30 000	令牌丘（513.79 km）	20 160	16 000	郭家嘴（484.18 km）
175	31 160	27 000	令牌丘（513.79 km）	—	—	—

表 6.2　以寸滩站来水为主型洪水的入库临界流量（清溪场站流量比寸滩站流量小 3 000 m³/s）

坝前水位 /m	不超移民线临界流量			不超土地线临界流量		
	总入流 /(m³/s)	寸滩站 /(m³/s)	超线地点（距坝里程）	总入流 /(m³/s)	寸滩站 /(m³/s)	超线地点（距坝里程）
145	82 160	78 000	长寿站（535.17 km）	70 160	66 000	杨家湾（551.35 km）
146	81 160	77 000	长寿站（535.17 km）	70 160	66 000	杨家湾（551.35 km）
147	81 160	77 000	长寿站（535.17 km）	70 160	66 000	杨家湾（551.35 km）
148	81 160	77 000	长寿站（535.17 km）	69 160	65 000	杨家湾（551.35 km）
149	80 160	76 000	长寿站（535.17 km）	69 160	65 000	杨家湾（551.35 km）
150	80 160	76 000	长寿站（535.17 km）	69 160	65 000	杨家湾（551.35 km）
151	80 160	76 000	长寿站（535.17 km）	68 160	64 000	杨家湾（551.35 km）
152	79 160	75 000	长寿站（535.17 km）	68 160	64 000	杨家湾（551.35 km）
153	79 160	75 000	长寿站（535.17 km）	67 160	63 000	杨家湾（551.35 km）
154	78 160	74 000	长寿站（535.17 km）	66 160	62 000	杨家湾（551.35 km）
155	77 160	73 000	长寿站（535.17 km）	65 160	61 000	杨家湾（551.35 km）
156	76 160	72 000	长寿站（535.17 km）	65 160	61 000	杨家湾（551.35 km）

续表

坝前水位 /m	不超移民线临界流量			不超土地线临界流量		
	总入流 /(m³/s)	寸滩站 /(m³/s)	超线地点（距坝里程）	总入流 /(m³/s)	寸滩站 /(m³/s)	超线地点（距坝里程）
157	76 160	72 000	长寿站（535.17 km）	64 160	60 000	杨家湾（551.35 km）
158	75 160	71 000	长寿站（535.17 km）	63 160	59 000	杨家湾（551.35 km）
159	74 160	70 000	长寿站（535.17 km）	61 160	57 000	杨家湾（551.35 km）
160	73 160	69 000	长寿站（535.17 km）	60 160	56 000	杨家湾（551.35 km）
161	72 160	68 000	长寿站（535.17 km）	59 160	55 000	杨家湾（551.35 km）
162	70 160	66 000	长寿站（535.17 km）	57 160	53 000	杨家湾（551.35 km）
163	69 160	65 000	长寿站（535.17 km）	55 160	51 000	芝麻坪（545.56 km）
164	67 160	63 000	长寿站（535.17 km）	53 160	49 000	芝麻坪（545.56 km）
165	65 160	61 000	长寿区（530.87 km）	51 160	47 000	芝麻坪（545.56 km）
166	63 160	59 000	长寿区（530.87 km）	48 160	44 000	芝麻坪（545.56 km）
167	60 160	56 000	长寿区（530.87 km）	47 160	43 000	芝麻坪（545.56 km）
168	57 160	53 000	长寿区（530.87 km）	45 160	41 000	芝麻坪（545.56 km）
169	54 160	50 000	长寿区（530.87 km）	43 160	39 000	芝麻坪（545.56 km）
170	50 160	46 000	长寿区（530.87 km）	38 160	34 000	芝麻坪（545.56 km）
171	47 160	43 000	瓦罐窑（528.58 km）	36 160	32 000	芝麻坪（545.56 km）
172	44 160	40 000	瓦罐窑（528.58 km）	34 160	30 000	芝麻坪（545.56 km）
173	38 160	34 000	瓦罐窑（528.58 km）	31 160	27 000	芝麻坪（545.56 km）
174	36 160	32 000	瓦罐窑（528.58 km）	25 160	21 000	瓦罐窑（528.58 km）
174.5	34 160	30 000	令牌丘（513.79 km）	20 160	16 000	郭家嘴（484.18 km）
175	31 160	27 000	令牌丘（513.79 km）	—	—	—

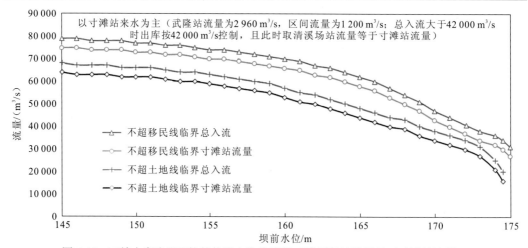

图 6.14　三峡水库淹没可控的临界水位及流量（清溪场站流量等于寸滩站流量）

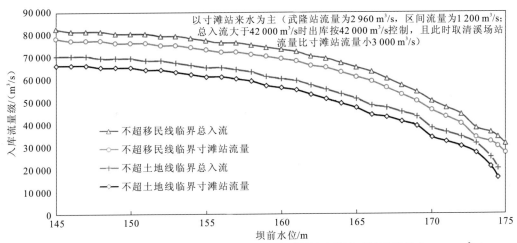

图 6.15　三峡水库淹没可控的临界水位及流量（清溪场站流量比寸滩站流量小 3 000 m³/s）

从两种工况的计算结果来看，按本节设定的计算条件，在 2015 年现状地形基础上，结论如下。

（1）坝前水位为 145 m 时，临界指标表 6.1（工况 1）和临界指标表 6.2（工况 2）三峡水库库尾出现移民线淹没的寸滩站临界流量分别为 75 000 m³/s 和 78 000 m³/s；坝前水位为 150 m 时，三峡水库库尾出现移民线淹没的寸滩站临界流量分别为 73 000 m³/s 和 76 000 m³/s；坝前水位为 155 m 时，三峡水库库尾出现移民线淹没的寸滩站临界流量分别为 70 000 m³/s 和 73 000 m³/s；坝前水位为 160 m 时，三峡水库库尾出现移民线淹没的寸滩站临界流量分别为 66 000 m³/s 和 69 000 m³/s；坝前水位为 165 m 时，三峡水库库尾出现移民线淹没的寸滩站临界流量分别为 58 000 m³/s 和 61 000 m³/s。

（2）坝前水位为 145 m 时，工况 1 和工况 2 三峡水库库尾出现土地线淹没的寸滩站临界流量分别为 64 000 m³/s 和 66 000 m³/s；坝前水位为 150 m 时，三峡水库库尾出现土地线淹没的寸滩站临界流量分别为 62 000 m³/s 和 65 000 m³/s；坝前水位为 155 m 时，三峡水库库尾出现土地线淹没的寸滩站临界流量分别为 59 000 m³/s 和 61 000 m³/s；坝前水位为 160 m 时，三峡水库库尾出现土地线淹没的寸滩站临界流量分别为 53 000 m³/s 和 56 000 m³/s；坝前水位为 165 m 时，三峡水库库尾出现土地线淹没的寸滩站临界流量分别为 44 000 m³/s 和 47 000 m³/s。

（3）三峡水库超设计移民线的临界地点：两种工况结论一致，坝前水位为 145～164 m 时，超移民线的临界地点位于距坝里程 535.17 km 的长寿站处；坝前水位为 165～170 m 时，超移民线的临界地点位于距坝里程 530.87 km 的长寿区处；坝前水位为 171～174 m 时，超移民线的临界地点位于距坝里程 528.58 km 的瓦罐窑处；坝前水位为 174.5～175 m 时，超移民线的临界地点位于距坝里程 513.79 km 的令牌丘处。

（4）三峡水库超设计土地线的临界地点：工况 1 坝前水位为 145～161 m 时，工况 2 坝前水位为 145～162 m 时，超土地线的临界地点位于距坝里程 551.35 km 的杨家湾处；

工况 1 坝前水位为 162～173 m 时，工况 2 坝前水位为 163～173 m 时，超土地线的临界地点位于距坝里程 545.56 km 的芝麻坪处；坝前水位为 174 m 时，超土地线的临界地点位于距坝里程 528.58 km 的瓦罐窑处；坝前水位为 174.5 m 时，超土地线的临界地点位于距坝里程 484.18 km 的郭家嘴处。

（5）库水位较低（相当于汛期）时，发生库区淹没所需的寸滩站临界流量较大，此时若三峡水库按入、出库不平衡控制，汛期库尾发生淹没的寸滩站临界流量大小会受到清溪场站流量的影响。清溪场站流量越小，汛期库尾出现淹没的寸滩站临界流量越大，且清溪场站流量比寸滩站小多少，库区发生淹没的寸滩站临界流量基本上就相应增大多少；反之，清溪场站流量比寸滩站大多少，库区发生淹没的寸滩站临界流量基本上就相应减少多少。库水位较高（相当于汛末和枯水期）时，发生库区淹没所需的寸滩站临界流量较小，此时若三峡水库按入、出库平衡控制，清溪场站流量对寸滩站临界流量的大小无影响，不需要考虑清溪场站流量对寸滩站临界流量的增大或减小作用。建议将工况 1 的结果作为库区淹没临界值的推荐结果，汛期实际调度中可根据清溪场站和寸滩站预测流量的差值来适当修正寸滩站的库区淹没临界流量值。三峡水库进行洪水拦蓄过程中，清溪场站洪峰流量与寸滩站相比会减少多少，或者说两者大小之间的变化与寸滩站流量、武隆站流量、区间来水、出库流量、坝前水位及坝前水位上升速度、河道地形、粗糙系数等影响因素是什么关系，也是今后需要进一步研究的问题。研究也表明，用于判断汛期三峡水库库尾是否可能发生淹没的临界指标只考虑寸滩站洪峰流量和坝前水位是不够的，还应增加出库流量和清溪场站洪峰流量两个指标。

（6）当寸滩站流量达到 75 000 m³/s（略小于寸滩站 20 年一遇洪水流量 75 300 m³/s）时，工况 1 和工况 2 三峡库区发生移民线淹没的临界坝前水位分别为 146 m 和 153 m；初步设计 20 年一遇洪水来量最大条件对应的寸滩站洪峰流量为 75 300 m³/s，相应坝前水位为 154.6 m。当寸滩站流量达到 60 000 m³/s（略小于寸滩站 5 年一遇洪水流量 61 400 m³/s）时，工况 1 和工况 2 三峡库区发生土地线淹没的临界坝前水位分别为 154 m 和 157 m；初步设计 5 年一遇洪水来量最大条件对应的寸滩站洪峰流量为 61 400 m³/s，相应坝前水位为 147.2 m。由于给定的计算条件不同（如武隆站流量、区间流量、出库流量、河道地形、清溪场站流量、河道粗糙系数等），本书成果与初步设计成果也有所不同，这是可以理解的。

2. 不同出库流量的计算结果

实际调度过程中，三峡水库出库流量有一个逐步增大，然后再逐步减小的过程，出库流量并不是一个固定值，将出库流量固定为 42 000 m³/s 属于一种与近年来实际调度情况相对更为接近的工况。为覆盖更多可能的调度情况，增加出库流量为 30 000 m³/s、35 000 m³/s、40 000 m³/s、45 000 m³/s、50 000 m³/s、55 000 m³/s 的工况，以形成与坝前水位、入库流量、出库流量都有关的工作曲线，计算结果见表 6.3～表 6.8，实际调度时可从中查找得到三峡水库淹没可控的临界水位及流量，以指导实际调度，降低库区淹没风险。

表 6.3　以寸滩站来水为主型洪水的入库临界流量（出库控制流量为 30 000 m³/s）

坝前水位 /m	不超移民线临界流量			不超土地线临界流量		
	总入流 /(m³/s)	寸滩站 /(m³/s)	超线地点（距坝里程）	总入流 /(m³/s)	寸滩站 /(m³/s)	超线地点（距坝里程）
145	80 160	76 000	长寿站（535.17 km）	68 160	64 000	杨家湾（551.35 km）
146	80 160	76 000	长寿站（535.17 km）	68 160	64 000	杨家湾（551.35 km）
147	80 160	76 000	长寿站（535.17 km）	68 160	64 000	杨家湾（551.35 km）
148	79 160	75 000	长寿站（535.17 km）	68 160	64 000	杨家湾（551.35 km）
149	79 160	75 000	长寿站（535.17 km）	68 160	64 000	杨家湾（551.35 km）
150	79 160	75 000	长寿站（535.17 km）	67 160	63 000	杨家湾（551.35 km）
151	78 160	74 000	长寿站（535.17 km）	67 160	63 000	杨家湾（551.35 km）
152	78 160	74 000	长寿站（535.17 km）	66 160	62 000	杨家湾（551.35 km）
153	77 160	73 000	长寿站（535.17 km）	66 160	62 000	杨家湾（551.35 km）
154	77 160	73 000	长寿站（535.17 km）	65 160	61 000	杨家湾（551.35 km）
155	76 160	72 000	长寿站（535.17 km）	65 160	61 000	杨家湾（551.35 km）
156	76 160	72 000	长寿站（535.17 km）	64 160	60 000	杨家湾（551.35 km）
157	75 160	71 000	长寿站（535.17 km）	63 160	59 000	杨家湾（551.35 km）
158	74 160	70 000	长寿站（535.17 km）	62 160	58 000	杨家湾（551.35 km）
159	73 160	69 000	长寿站（535.17 km）	61 160	57 000	杨家湾（551.35 km）
160	72 160	68 000	长寿站（535.17 km）	60 160	56 000	杨家湾（551.35 km）
161	71 160	67 000	长寿站（535.17 km）	58 160	54 000	杨家湾（551.35 km）
162	70 160	66 000	长寿站（535.17 km）	57 160	53 000	杨家湾（551.35 km）
163	68 160	64 000	长寿站（535.17 km）	55 160	51 000	杨家湾（551.35 km）
164	67 160	63 000	长寿站（535.17 km）	53 160	49 000	芝麻坪（545.56 km）
165	65 160	61 000	长寿区（530.87 km）	51 160	47 000	芝麻坪（545.56 km）
166	63 160	59 000	长寿区（530.87 km）	49 160	45 000	芝麻坪（545.56 km）
167	61 160	57 000	长寿区（530.87 km）	46 160	42 000	芝麻坪（545.56 km）
168	58 160	54 000	长寿区（530.87 km）	44 160	40 000	芝麻坪（545.56 km）
169	55 160	51 000	长寿区（530.87 km）	43 160	39 000	芝麻坪（545.56 km）
170	51 160	47 000	长寿区（530.87 km）	41 160	37 000	芝麻坪（545.56 km）
171	47 160	43 000	瓦罐窑（528.58 km）	39 160	35 000	芝麻坪（545.56 km）
172	44 160	40 000	瓦罐窑（528.58 km）	36 160	32 000	芝麻坪（545.56 km）
173	41 160	37 000	瓦罐窑（528.58 km）	31 160	27 000	芝麻坪（545.56 km）
174	38 160	34 000	瓦罐窑（528.58 km）	25 160	21 000	瓦罐窑（528.58 km）
174.5	35 160	31 000	令牌丘（513.79 km）	20 160	16 000	郭家嘴（484.18 km）
175	32 160	28 000	令牌丘（513.79 km）	—	—	—

表 6.4　以寸滩站来水为主型洪水的入库临界流量（出库控制流量为 35 000 m³/s）

坝前水位 /m	不超移民线临界流量			不超土地线临界流量		
	总入流 /(m³/s)	寸滩站 /(m³/s)	超线地点（距坝里程）	总入流 /(m³/s)	寸滩站 /(m³/s)	超线地点（距坝里程）
145	80 160	76 000	长寿站（535.17 km）	68 160	64 000	杨家湾（551.35 km）
146	79 160	75 000	长寿站（535.17 km）	68 160	64 000	杨家湾（551.35 km）
147	79 160	75 000	长寿站（535.17 km）	68 160	64 000	杨家湾（551.35 km）
148	79 160	75 000	长寿站（535.17 km）	67 160	63 000	杨家湾（551.35 km）
149	78 160	74 000	长寿站（535.17 km）	67 160	63 000	杨家湾（551.35 km）
150	78 160	74 000	长寿站（535.17 km）	67 160	63 000	杨家湾（551.35 km）
151	78 160	74 000	长寿站（535.17 km）	66 160	62 000	杨家湾（551.35 km）
152	77 160	73 000	长寿站（535.17 km）	66 160	62 000	杨家湾（551.35 km）
153	77 160	73 000	长寿站（535.17 km）	66 160	62 000	杨家湾（551.35 km）
154	76 160	72 000	长寿站（535.17 km）	65 160	61 000	杨家湾（551.35 km）
155	76 160	72 000	长寿站（535.17 km）	64 160	60 000	杨家湾（551.35 km）
156	75 160	71 000	长寿站（535.17 km）	63 160	59 000	杨家湾（551.35 km）
157	74 160	70 000	长寿站（535.17 km）	62 160	58 000	杨家湾（551.35 km）
158	73 160	69 000	长寿站（535.17 km）	61 160	57 000	杨家湾（551.35 km）
159	72 160	68 000	长寿站（535.17 km）	60 160	56 000	杨家湾（551.35 km）
160	71 160	67 000	长寿站（535.17 km）	59 160	55 000	杨家湾（551.35 km）
161	70 160	66 000	长寿站（535.17 km）	57 160	53 000	杨家湾（551.35 km）
162	69 160	65 000	长寿站（535.17 km）	56 160	52 000	芝麻坪（545.56 km）
163	67 160	63 000	长寿站（535.17 km）	54 160	50 000	芝麻坪（545.56 km）
164	66 160	62 000	长寿站（535.17 km）	52 160	48 000	芝麻坪（545.56 km）
165	64 160	60 000	长寿区（530.87 km）	50 160	46 000	芝麻坪（545.56 km）
166	62 160	58 000	长寿区（530.87 km）	47 160	43 000	芝麻坪（545.56 km）
167	59 160	55 000	长寿区（530.87 km）	45 160	41 000	芝麻坪（545.56 km）
168	57 160	53 000	长寿区（530.87 km）	44 160	40 000	芝麻坪（545.56 km）
169	53 160	49 000	长寿区（530.87 km）	42 160	38 000	芝麻坪（545.56 km）
170	49 160	45 000	长寿区（530.87 km）	40 160	36 000	芝麻坪（545.56 km）
171	45 160	41 000	瓦罐窑（528.58 km）	37 160	33 000	芝麻坪（545.56 km）
172	43 160	39 000	瓦罐窑（528.58 km）	34 160	30 000	芝麻坪（545.56 km）
173	40 160	36 000	瓦罐窑（528.58 km）	31 160	27 000	芝麻坪（545.56 km）
174	36 160	32 000	瓦罐窑（528.58 km）	25 160	21 000	瓦罐窑（528.58 km）
174.5	32 160	28 000	令牌丘（513.79 km）	20 160	16 000	郭家嘴（484.18 km）
175	31 160	27 000	令牌丘（513.79 km）	—	—	—

表 6.5　以寸滩站来水为主型洪水的入库临界流量（出库控制流量为 40 000 m³/s）

坝前水位 /m	不超移民线临界流量			不超土地线临界流量		
	总入流 /(m³/s)	寸滩站 /(m³/s)	超线地点（距坝里程）	总入流 /(m³/s)	寸滩站 /(m³/s)	超线地点（距坝里程）
145	79 160	75 000	长寿站（535.17 km）	68 160	64 000	杨家湾（551.35 km）
146	79 160	75 000	长寿站（535.17 km）	67 160	63 000	杨家湾（551.35 km）
147	79 160	75 000	长寿站（535.17 km）	67 160	63 000	杨家湾（551.35 km）
148	78 160	74 000	长寿站（535.17 km）	67 160	63 000	杨家湾（551.35 km）
149	78 160	74 000	长寿站（535.17 km）	67 160	63 000	杨家湾（551.35 km）
150	78 160	74 000	长寿站（535.17 km）	66 160	62 000	杨家湾（551.35 km）
151	77 160	73 000	长寿站（535.17 km）	66 160	62 000	杨家湾（551.35 km）
152	77 160	73 000	长寿站（535.17 km）	65 160	61 000	杨家湾（551.35 km）
153	76 160	72 000	长寿站（535.17 km）	65 160	61 000	杨家湾（551.35 km）
154	75 160	71 000	长寿站（535.17 km）	64 160	60 000	杨家湾（551.35 km）
155	75 160	71 000	长寿站（535.17 km）	63 160	59 000	杨家湾（551.35 km）
156	74 160	70 000	长寿站（535.17 km）	62 160	58 000	杨家湾（551.35 km）
157	73 160	69 000	长寿站（535.17 km）	61 160	57 000	杨家湾（551.35 km）
158	72 160	68 000	长寿站（535.17 km）	60 160	56 000	杨家湾（551.35 km）
159	71 160	67 000	长寿站（535.17 km）	59 160	55 000	杨家湾（551.35 km）
160	70 160	66 000	长寿站（535.17 km）	58 160	54 000	杨家湾（551.35 km）
161	69 160	65 000	长寿站（535.17 km）	56 160	52 000	杨家湾（551.35 km）
162	68 160	64 000	长寿站（535.17 km）	55 160	51 000	芝麻坪（545.56 km）
163	66 160	62 000	长寿站（535.17 km）	53 160	49 000	芝麻坪（545.56 km）
164	65 160	61 000	长寿区（530.87 km）	51 160	47 000	芝麻坪（545.56 km）
165	63 160	59 000	长寿区（530.87 km）	48 160	44 000	芝麻坪（545.56 km）
166	60 160	56 000	长寿区（530.87 km）	46 160	42 000	芝麻坪（545.56 km）
167	58 160	54 000	长寿区（530.87 km）	44 160	4 0000	芝麻坪（545.56 km）
168	55 160	51 000	长寿区（530.87 km）	43 160	39 000	芝麻坪（545.56 km）
169	51 160	47 000	长寿区（530.87 km）	41 160	37 000	芝麻坪（545.56 km）
170	47 160	43 000	长寿区（530.87 km）	39 160	35 000	芝麻坪（545.56 km）
171	44 160	40 000	瓦罐窑（528.58 km）	37 160	33 000	芝麻坪（545.56 km）
172	42 160	38 000	瓦罐窑（528.58 km）	34 160	30 000	芝麻坪（545.56 km）
173	39 160	35 000	瓦罐窑（528.58 km）	31 160	27 000	芝麻坪（545.56 km）
174	36 160	32 000	瓦罐窑（528.58 km）	26 160	22 000	瓦罐窑（528.58 km）
174.5	34 160	30 000	令牌丘（513.79 km）	20 160	16 000	郭家嘴（484.18 km）
175	31 160	27 000	令牌丘（513.79 km）	—	—	—

表 6.6　以寸滩站来水为主型洪水的入库临界流量（出库控制流量为 **45 000 m³/s**）

坝前水位	不超移民线临界流量			不超土地线临界流量		
/m	总入流 /(m³/s)	寸滩站 /(m³/s)	超线地点（距坝里程）	总入流 /(m³/s)	寸滩站 /(m³/s)	超线地点（距坝里程）
145	79 160	75 000	长寿站（535.17 km）	67 160	63 000	杨家湾（551.35 km）
146	78 160	74 000	长寿站（535.17 km）	67 160	63 000	杨家湾（551.35 km）
147	78 160	74 000	长寿站（535.17 km）	67 160	63 000	杨家湾（551.35 km）
148	78 160	74 000	长寿站（535.17 km）	66 160	62 000	杨家湾（551.35 km）
149	77 160	73 000	长寿站（535.79 km）	66 160	62 000	杨家湾（551.35 km）
150	77 160	73 000	长寿站（535.17 km）	66 160	62 000	杨家湾（551.35 km）
151	76 160	72 000	长寿站（535.17 km）	65 160	61 000	杨家湾（551.35 km）
152	76 160	72 000	长寿站（535.17 km）	65 160	61 000	杨家湾（551.35 km）
153	75 160	71 000	长寿站（535.17 km）	64 160	60 000	杨家湾（551.35 km）
154	75 160	71 000	长寿站（535.17 km）	63 160	59 000	杨家湾（551.35 km）
155	74 160	70 000	长寿站（535.17 km）	62 160	58 000	杨家湾（551.35 km）
156	73 160	69 000	长寿站（535.17 km）	61 160	57 000	杨家湾（551.35 km）
157	72 160	68 000	长寿站（535.17 km）	60 160	56 000	杨家湾（551.35 km）
158	71 160	67 000	长寿站（535.17 km）	59 160	55 000	杨家湾（551.35 km）
159	70 160	66 000	长寿站（535.17 km）	58 160	54 000	杨家湾（551.35 km）
160	69 160	65 000	长寿站（535.17 km）	57 160	53 000	芝麻坪（545.56 km）
161	68 160	64 000	长寿站（535.17 km）	55 160	51 000	芝麻坪（545.56 km）
162	67 160	63 000	长寿站（535.17 km）	53 160	49 000	芝麻坪（545.56 km）
163	65 160	61 000	长寿站（535.17 km）	51 160	47 000	芝麻坪（545.56 km）
164	63 160	59 000	长寿站（535.17 km）	49 160	45 000	芝麻坪（545.56 km）
165	61 160	57 000	长寿区（530.87 km）	47 160	43 000	芝麻坪（545.56 km）
166	59 160	55 000	长寿区（530.87 km）	45 160	41 000	芝麻坪（545.56 km）
167	56 160	52 000	长寿区（530.87 km）	43 160	39 000	芝麻坪（545.56 km）
168	53 160	49 000	长寿区（530.87 km）	42 160	38 000	芝麻坪（545.56 km）
169	49 160	45 000	长寿区（530.87 km）	40 160	36 000	芝麻坪（545.56 km）
170	46 160	42 000	瓦罐窑（528.58 km）	38 160	34 000	芝麻坪（545.56 km）
171	43 160	39 000	瓦罐窑（528.58 km）	36 160	32 000	芝麻坪（545.56 km）
172	41 160	37 000	瓦罐窑（528.58 km）	34 160	30 000	芝麻坪（545.56 km）
173	39 160	35 000	瓦罐窑（528.58 km）	31 160	27 000	芝麻坪（545.56 km）
174	36 160	32 000	瓦罐窑（528.58 km）	25 160	21 000	瓦罐窑（528.58 km）
174.5	34 160	30 000	令牌丘（513.79 km）	20 160	16 000	郭家嘴（484.18 km）
175	31 160	27 000	令牌丘（513.79 km）	—	—	—

表 6.7　以寸滩站来水为主型洪水的入库临界流量（出库控制流量为 50 000 m³/s）

坝前水位 /m	不超移民线临界流量			不超土地线临界流量		
	总入流 /(m³/s)	寸滩站 /(m³/s)	超线地点（距坝里程）	总入流 /(m³/s)	寸滩站 /(m³/s)	超线地点（距坝里程）
145	78 160	74 000	长寿站（535.17 km）	67 160	63 000	杨家湾（551.35 km）
146	78 160	74 000	长寿站（535.17 km）	66 160	62 000	杨家湾（551.35 km）
147	77 160	73 000	长寿站（535.17 km）	66 160	62 000	杨家湾（551.35 km）
148	77 160	73 000	长寿站（535.17 km）	66 160	62 000	杨家湾（551.35 km）
149	77 160	73 000	长寿站（535.17 km）	65 160	61 000	杨家湾（551.35 km）
150	76 160	72 000	长寿站（535.17 km）	65 160	61 000	杨家湾（551.35 km）
151	76 160	72 000	长寿站（535.17 km）	64 160	60 000	杨家湾（551.35 km）
152	75 160	71 000	长寿站（535.17 km）	64 160	60 000	杨家湾（551.35 km）
153	75 160	71 000	长寿站（535.17 km）	63 160	59 000	杨家湾（551.35 km）
154	74 160	70 000	长寿站（535.17 km）	62 160	58 000	杨家湾（551.35 km）
155	73 160	69 000	长寿站（535.17 km）	61 160	57 000	杨家湾（551.35 km）
156	72 160	68 000	长寿站（535.17 km）	60 160	56 000	杨家湾（551.35 km）
157	71 160	67 000	长寿站（535.17 km）	59 160	55 000	杨家湾（551.35 km）
158	71 160	67 000	长寿站（535.17 km）	58 160	54 000	杨家湾（551.35 km）
159	69 160	65 000	长寿站（535.17 km）	57 160	53 000	杨家湾（551.35 km）
160	68 160	64 000	长寿站（535.17 km）	55 160	51 000	芝麻坪（545.56 km）
161	67 160	63 000	长寿站（535.17 km）	54 160	50 000	芝麻坪（545.56 km）
162	66 160	62 000	长寿站（535.17 km）	52 160	48 000	芝麻坪（545.56 km）
163	64 160	6 0000	长寿区（530.87 km）	50 160	46 000	芝麻坪（545.56 km）
164	62 160	58 000	长寿区（530.87 km）	48 160	44 000	芝麻坪（545.56 km）
165	60 160	56 000	长寿区（530.87 km）	46 160	42 000	芝麻坪（545.56 km）
166	57 160	53 000	长寿区（530.87 km）	45 160	41 000	芝麻坪（545.56 km）
167	54 160	50 000	长寿区（530.87 km）	43 160	39 000	芝麻坪（545.56 km）
168	51 160	47 000	长寿区（530.87 km）	42 160	38 000	芝麻坪（545.56 km）
169	48 160	44 000	长寿区（530.87 km）	40 160	36 000	芝麻坪（545.56 km）
170	46 160	42 000	长寿区（530.87 km）	38 160	34 000	芝麻坪（545.56 km）
171	43 160	39 000	瓦罐窑（528.58 km）	37 160	33 000	芝麻坪（545.56 km）
172	41 160	37 000	瓦罐窑（528.58 km）	34 160	30 000	芝麻坪（545.56 km）
173	39 160	35 000	瓦罐窑（528.58 km）	31 160	27 000	芝麻坪（545.56 km）
174	36 160	32 000	瓦罐窑（528.58 km）	25 160	21 000	瓦罐窑（528.58 km）
174.5	34 160	30 000	令牌丘（513.79 km）	20 160	16 000	郭家嘴（484.18 km）
175	31 160	27 000	令牌丘（513.79 km）	—	—	—

表 6.8　以寸滩站来水为主型洪水的入库临界流量（出库控制流量为 55 000 m³/s）

坝前水位 /m	不超移民线临界流量			不超土地线临界流量		
	总入流 /（m³/s）	寸滩站 /（m³/s）	超线地点（距坝里程）	总入流 /（m³/s）	寸滩站 /（m³/s）	超线地点（距坝里程）
145	77 160	73 000	长寿站（535.17 km）	66 160	62 000	杨家湾（551.35 km）
146	77 160	73 000	长寿站（535.17 km）	66 160	62 000	杨家湾（551.35 km）
147	77 160	73 000	长寿站（535.17 km）	66 160	62 000	杨家湾（551.35 km）
148	76 160	72 000	长寿站（535.17 km）	65 160	61 000	杨家湾（551.35 km）
149	76 160	72 000	长寿站（535.17 km）	65 160	61 000	杨家湾（551.35 km）
150	75 160	71 000	长寿站（535.17 km）	64 160	60 000	杨家湾（551.35 km）
151	75 160	71 000	长寿站（535.17 km）	63 160	59 000	杨家湾（551.35 km）
152	74 160	70 000	长寿站（535.17 km）	63 160	59 000	杨家湾（551.35 km）
153	74 160	70 000	长寿站（535.17 km）	62 160	58 000	杨家湾（551.35 km）
154	73 160	69 000	长寿站（535.17 km）	61 160	57 000	杨家湾（551.35 km）
155	72 160	68 000	长寿站（535.17 km）	60 160	56 000	杨家湾（551.35 km）
156	71 160	67 000	长寿站（535.17 km）	59 160	55 000	杨家湾（551.35 km）
157	70 160	66 000	长寿站（535.17 km）	58 160	54 000	杨家湾（551.35 km）
158	69 160	65 000	长寿站（535.17 km）	57 160	53 000	杨家湾（551.35 km）
159	68 160	64 000	长寿站（535.17 km）	56 160	52 000	杨家湾（551.35 km）
160	67 160	63 000	长寿站（535.17 km）	54 160	50 000	杨家湾（551.35 km）
161	66 160	62 000	长寿站（535.17 km）	53 160	49 000	芝麻坪（545.56 km）
162	64 160	60 000	长寿区（530.87 km）	51 160	47 000	芝麻坪（545.56 km）
163	62 160	58 000	长寿区（530.87 km）	50 160	46 000	芝麻坪（545.56 km）
164	60 160	56 000	长寿区（530.87 km）	48 160	44 000	芝麻坪（545.56 km）
165	58 160	54 000	长寿区（530.87 km）	46 160	42 000	芝麻坪（545.56 km）
166	55 160	51 000	长寿区（530.87 km）	45 160	41 000	芝麻坪（545.56 km）
167	53 160	49 000	长寿区（530.87 km）	43 160	39 000	芝麻坪（545.56 km）
168	51 160	47 000	长寿区（530.87 km）	42 160	38 000	芝麻坪（545.56 km）
169	48 160	44 000	长寿区（530.87 km）	40 160	36 000	芝麻坪（545.56 km）
170	46 160	42 000	长寿区（530.87 km）	38 160	34 000	芝麻坪（545.56 km）
171	43 160	39 000	瓦罐窑（528.58 km）	37 160	33 000	芝麻坪（545.56 km）
172	41 160	37 000	瓦罐窑（528.58 km）	34 160	30 000	芝麻坪（545.56 km）
173	39 160	35 000	瓦罐窑（528.58 km）	31 160	27 000	芝麻坪（545.56 km）
174	36 160	32 000	瓦罐窑（528.58 km）	25 160	21 000	瓦罐窑（528.58 km）
174.5	34 160	30 000	令牌丘（513.79 km）	20 160	16 000	郭家嘴（484.18 km）
175	31 160	27 000	令牌丘（513.79 km）	—	—	—

需要补充说明的是,从临界指标表 6.3～表 6.8 可以看出,在坝前水位相同时,不同出库控制流量的临界指标呈现出"出库控制流量越大,库区发生淹没的入库临界流量越小"的现象,其主要原因是,本小节计算的库区水面线为瞬时水面线,库区沿程流量是按距离插值得到的。在坝前水位相同时,出库流量越大,库区按距离插值得到的沿程流量越大,库区水面比降越陡,库区水面线计算值越高,库区相应就越容易发生淹没,库区发生淹没的入库临界流量相应就越小。因此,计算结果是合理的。

实时调度过程中,可采用水动力学模型开展库区洪水演进的非恒定流计算,理论上该方法可以进一步提高水库调度临界指标的计算精度,但实际操作中由于受到入出库边界预报精度、模型精度、河床边界精度等的影响,计算结果的不确定性依然较大。

3. 临界指标在三峡库区实际洪水中的淹没预判检验

1) 2012 年 7 月三峡库区实际洪水淹没预判检验

三峡水库库尾扇沱站处土地线高程为 175.8 m,2012 年 7 月 24 日、25 日扇沱站水位分别为 177.12 m 和 176.55 m,分别偏高 1.32 m 和 0.75 m。7 月 24 日寸滩站流量、武隆站流量、清溪场站流量、出库流量、坝前水位分别为 63 200 m³/s、3 980 m³/s、63 000 m³/s、43 800 m³/s、157.16 m;7 月 25 日寸滩站流量、武隆站流量、清溪场站流量、出库流量、坝前水位分别为 51 800 m³/s、4 940 m³/s、60 700 m³/s、43 700 m³/s、160.26 m。表 6.9 为 2012 年 7 月 24～25 日三峡库区实际洪水淹没预判检验流程表(7 月 24～25 日 2 天库区发生淹没)。

表 6.9　2012 年 7 月 24～25 日三峡库区实际洪水淹没预判检验流程表

日期(年-月-日)	坝前水位/m	扇沱站水位/m	实际流量/(m³/s)			根据出库流量及坝前水位进行寸滩站临界流量查表与库区淹没判断		
			寸滩站	清溪场站	出库	查表	寸滩站临界流量查表	寸滩站临界流量	淹没判断
2012-07-24	157.16	177.12	63 200	63 000	43 800	出库流量按 42 000 m³/s 或 45 000 m³/s 控制	56 000	56 000	淹没
2012-07-25	160.26	176.55	51 800	60 700	43 700		53 000	44 100	淹没

注:2012 年 7 月 24～25 日库区扇沱站附近发生短距离淹没,淹没深度最大处位于距坝里程 547.2 km 的扇沱站附近。

2012 年 7 月 24 日清溪场站流量与寸滩站流量基本相等,出库流量明显小于入库流量,出库流量 43 800 m³/s 与出库控制流量 42 000 m³/s 接近,查表 6.1 可得坝前水位为 157 m 时库区土地线淹没的寸滩站临界流量是 57 000 m³/s,2012 年 7 月 24 日寸滩站实测流量是 63 200 m³/s,大于寸滩站临界流量查表值,故库区发生土地线淹没,计算结果与实测结果定性上是一致的。另外,出库流量 43 800 m³/s 与出库控制流量 45 000 m³/s 也接近,查表 6.6 可得坝前水位为 157 m 时库区土地线淹没的寸滩站临界流量是 56 000 m³/s,同样小于寸滩站实测流量 63 200 m³/s,预判结果与实测结果定性一致。

2012 年 7 月 25 日清溪场站流量大于寸滩站流量,出库流量明显小于入库流量,出库流量 43 700 m³/s 与出库控制流量 42 000 m³/s 接近,查表 6.1 可知坝前水位为 160 m 时库区土地线淹没的寸滩站临界流量是 53 000 m³/s,7 月 25 日清溪场站实测流量为 60 700 m³/s,比寸滩站实测流量 51 800 m³/s 多 8 900 m³/s,根据"清溪场站流量比寸滩站大多少,库区发生淹没的寸滩站临界流量基本上就相应减少多少"的研究结论,库区土地线发生淹没的寸滩站临界流量为 44 100 m³/s,小于 7 月 25 日寸滩站实测流量 51 800 m³/s,故库区发生土地线淹没,计算结果与实测结果在定性上是一致的。另外,出库流量 43 700 m³/s 与出库控制流量 45 000 m³/s 也接近,查表 6.6 可得坝前水位为 160 m 时库区土地线淹没的寸滩站临界流量是 53 000 m³/s,同样根据"清溪场站流量比寸滩站大多少,库区发生淹没的寸滩站临界流量基本上就相应减少多少"的研究结论,求出的寸滩站临界流量值为 44 100 m³/s,小于寸滩站实测流量 51 800 m³/s,预判结果与实测结果定性一致。

2）2014 年 9 月三峡库区实际洪水淹没预判检验

2014 年 9 月 19 日、20 日扇沱站水位分别为 176.12 m 和 177.23 m,均高于扇沱站处土地线高程 175.8 m。9 月 19 日寸滩站流量、武隆站流量、清溪场站流量、出库流量、坝前水位分别为 44 600 m³/s、2 200 m³/s、45 200 m³/s、45 300 m³/s、166.67 m。9 月 20 日寸滩站流量、武隆站流量、清溪场站流量、出库流量、坝前水位分别为 42 300 m³/s、2 230 m³/s、48 200 m³/s、45 700 m³/s、167.40 m。表 6.10 为 2014 年 9 月 19~20 日三峡库区实际洪水淹没预判检验流程表（9 月 19~20 日 2 天库区发生淹没）。

表 6.10　2014 年 9 月 19~20 日三峡库区实际洪水淹没预判检验流程表

日期 （年-月-日）	坝前水位 /m	扇沱站水位/m	实际流量/（m³/s）			根据出库流量及坝前水位进行寸滩站临界流量查表与库区淹没判断			
			寸滩站	清溪场站	出库	查表	寸滩站临界流量查表	寸滩站临界流量	淹没判断
2014-09-19	166.67	176.12	44 600	45 200	45 300	出库流量按	39 000	39 000	淹没
2014-09-20	167.40	177.23	42 300	48 200	45 700	45 000 m³/s 控制	39 000	33 100	淹没

注：2014 年 9 月 19~20 日库区扇沱站附近发生短距离淹没,淹没深度最大处位于距坝里程 547.2 km 的扇沱站附近。

2014 年 9 月 19 日清溪场站流量与寸滩站流量基本相等,出库流量基本等于入库流量,查表 6.6 可得坝前水位为 167 m 时库区土地线淹没的寸滩站临界流量是 39 000 m³/s,2014 年 9 月 19 日寸滩站实测流量是 44 600 m³/s,大于临界流量,预判结果与实测结果定性一致。

2014 年 9 月 20 日清溪场站流量大于寸滩站流量,出库流量小于入库流量,同样查表 6.6 可得坝前水位为 167 m 时库区土地线淹没的寸滩站临界流量是 39 000 m³/s,9 月 20 日清溪场站实测流量为 48 200 m³/s,比寸滩站实测流量 42 300 m³/s 多 5 900 m³/s,根据"清溪场站流量比寸滩站大多少,库区发生淹没的寸滩站临界流量基本上就相应减少多少"的研究结论,库区土地线发生淹没的寸滩站临界流量为 33 100 m³/s,小于寸滩站实测流量 42 300 m³/s,预判结果与实测结果定性一致。

3）2018 年 7 月三峡库区实际洪水淹没预判检验

2018 年 7 月 14 日 13 时扇沱站达到最高水位 173.90 m,低于土地线高程 175.8 m。2018 年 7 月 14 日 5 时和 6 时寸滩站出现最大洪峰流量 59 300 m³/s,对应的武隆站流量为 1 380~1 530 m³/s,对应的坝前水位约为 148 m,出库流量约为 42 000 m³/s,对应的清溪场站最大洪峰流量为 57 900 m³/s（7 月 14 日 7 时）。表 6.11 为 2018 年 7 月 14 日三峡库区实际淹没洪水预判检验流程表（7 月 14 日库区没有发生淹没）。

表 6.11　2018 年 7 月 14 日三峡库区实际淹没洪水预判检验流程表

日期 （年-月-日）	坝前水位 /m	扇沱站水位 /m	实际流量/（m³/s）			根据出库流量及坝前水位进行寸滩站临界流量 查表与库区淹没判断			
			寸滩站	清溪场站	出库	查表	寸滩站临界 流量查表	寸滩站临 界流量	淹没判断
2018-07-14	148	173.90	59 300	57 900	42 000	出库流量按 42 000m³/s 控制	65 000	66 400	不会淹没

2018 年 7 月 14 日清溪场站流量小于寸滩站流量，出库流量小于入库流量，查表 6.2 可得坝前水位为 148 m 时库区土地线淹没的寸滩站临界流量是 65 000 m³/s，7 月 14 日清溪场站实测流量为 57 900 m³/s，比寸滩站实际流量 59 300 m³/s 小 1 400 m³/s，根据"清溪场站流量比寸滩站小多少，库区发生淹没的寸滩站临界流量基本上就相应增加多少"的研究结论，库区土地线发生淹没的寸滩站临界流量为 66 400 m³/s，大于寸滩站实测流量 59 300 m³/s，预判结果与实测结果定性一致。

6.2.2　以区间来水为主型洪水的库区淹没临界值

在以区间来水为主型洪水的分析中，考虑武隆站来水对三峡库区水面线的影响相对于寸滩站来水小，武隆站流量设置为恒定值 2 960 m³/s。取区间流量为 20 000 m³/s，出库流量考虑 30 000 m³/s 和 45 000 m³/s 两种工况，计算结果见表 6.12、表 6.13，实际调度时可从中查找得到三峡水库淹没可控的临界水位及流量，以指导实际调度，降低库区淹没风险。当三峡水库入库流量大于出库控制流量时，按出库控制流量泄流，当三峡水库入库流量小于出库控制流量时，按出、入库平衡控制。

表 6.12　以区间来水为主型洪水的入库临界流量（出库控制流量为 30 000 m³/s）

坝前水位 /m	不超移民线临界流量			不超土地线临界流量		
	总入流 /（m³/s）	寸滩站 /（m³/s）	超线地点（距坝里程）	总入流 /（m³/s）	寸滩站 /（m³/s）	超线地点（距坝里程）
145	94 960	72 000	长寿站（535.17 km）	82 960	60 000	杨家湾（551.35 km）
146	94 960	72 000	长寿站（535.17 km）	82 960	60 000	杨家湾（551.35 km）
147	93 960	71 000	长寿站（535.17 km）	82 960	60 000	杨家湾（551.35 km）
148	93 960	71 000	长寿站（535.17 km）	82 960	60 000	杨家湾（551.35 km）
149	93 960	71 000	长寿站（535.17 km）	81 960	59 000	杨家湾（551.35 km）
150	92 960	70 000	长寿站（535.17 km）	81 960	59 000	杨家湾（551.35 km）
151	92 960	70 000	长寿站（535.17 km）	81 960	59 000	杨家湾（551.35 km）
152	92 960	70 000	长寿站（535.17 km）	80 960	58 000	杨家湾（551.35 km）
153	91 960	69 000	长寿站（535.17 km）	80 960	58 000	杨家湾（551.35 km）
154	91 960	69 000	长寿站（535.17 km）	79 960	57 000	杨家湾（551.35 km）

坝前水位 /m	不超移民线临界流量			不超土地线临界流量		
	总入流 /(m³/s)	寸滩站 /(m³/s)	超线地点（距坝里程）	总入流 /(m³/s)	寸滩站 /(m³/s)	超线地点（距坝里程）
155	90 960	68 000	长寿站（535.17 km）	79 960	57 000	杨家湾（551.35 km）
156	89 960	67 000	长寿站（535.17 km）	78 960	56 000	杨家湾（551.35 km）
157	89 960	67 000	长寿站（535.17 km）	77 960	55 000	杨家湾（551.35 km）
158	88 960	66 000	长寿站（535.17 km）	76 960	54 000	杨家湾（551.35 km）
159	87 960	65 000	长寿站（535.17 km）	75 960	53 000	杨家湾（551.35 km）
160	86 960	64 000	长寿站（535.17 km）	74 960	52 000	杨家湾（551.35 km）
161	85 960	63 000	长寿站（535.17 km）	73 960	51 000	杨家湾（551.35 km）
162	84 960	62 000	长寿站（535.17 km）	71 960	49 000	杨家湾（551.35 km）
163	83 960	61 000	长寿站（535.17 km）	70 960	48 000	杨家湾（551.35 km）
164	81 960	59 000	长寿站（535.17 km）	68 960	46 000	芝麻坪（545.56 km）
165	80 960	58 000	长寿区（530.87 km）	66 960	44 000	芝麻坪（545.56 km）
166	78 960	56 000	长寿区（530.87 km）	63 960	41 000	芝麻坪（545.56 km）
167	75 960	53 000	长寿区（530.87 km）	61 960	39 000	芝麻坪（545.56 km）
168	73 960	51 000	长寿区（530.87 km）	58 960	36 000	芝麻坪（545.56 km）
169	70 960	48 000	长寿区（530.87 km）	57 960	35 000	芝麻坪（545.56 km）
170	66 960	44 000	长寿区（530.87 km）	55 960	33 000	芝麻坪（545.56 km）
171	62 960	40 000	长寿区（530.87 km）	53 960	31 000	芝麻坪（545.56 km）
172	58 960	36 000	瓦罐窑（528.58 km）	50 960	28 000	芝麻坪（545.56 km）
173	55 960	33 000	瓦罐窑（528.58 km）	46 960	24 000	芝麻坪（545.56 km）
174	52 960	30 000	瓦罐窑（528.58 km）	37 960	15 000	瓦罐窑（528.58 km）
174.5	50 160	28 000	令牌丘（513.79 km）	—	—	—
175	46 960	24 000	令牌丘（513.79 km）	—	—	—

表 6.13　以区间来水为主型洪水的入库临界流量（出库控制流量为 45 000 m³/s）

坝前水位 /m	不超移民线临界流量			不超土地线临界流量		
	总入流 /(m³/s)	寸滩站 /(m³/s)	超线地点（距坝里程）	总入流 /(m³/s)	寸滩站 /(m³/s)	超线地点（距坝里程）
145	93 960	71 000	长寿站（535.17 km）	81 960	59 000	杨家湾（551.35 km）
146	92 960	70 000	长寿站（535.17 km）	81 960	59 000	杨家湾（551.35 km）
147	92 960	70 000	长寿站（535.17 km）	81 960	59 000	杨家湾（551.35 km）
148	92 960	70 000	长寿站（535.17 km）	80 960	58 000	杨家湾（551.35 km）
149	91 960	69 000	长寿站（535.17 km）	80 960	58 000	杨家湾（551.35 km）
150	91 960	69 000	长寿站（535.17 km）	80 960	58 000	杨家湾（551.35 km）
151	90 960	68 000	长寿站（535.17 km）	79 960	57 000	杨家湾（551.35 km）

坝前水位/m	不超移民线临界流量			不超土地线临界流量		
	总入流/(m³/s)	寸滩站/(m³/s)	超线地点（距坝里程）	总入流/(m³/s)	寸滩站/(m³/s)	超线地点（距坝里程）
152	90 960	68 000	长寿站（535.17 km）	79 960	57 000	杨家湾（551.35 km）
153	89 960	67 000	长寿站（535.17 km）	78 960	56 000	杨家湾（551.35 km）
154	89 960	67 000	长寿站（535.17 km）	77 960	55 000	杨家湾（551.35 km）
155	88 960	66 000	长寿站（535.17 km）	76 960	54 000	杨家湾（551.35 km）
156	87 960	65 000	长寿站（535.17 km）	76 960	54 000	杨家湾（551.35 km）
157	87 960	65 000	长寿站（535.17 km）	75 960	53 000	杨家湾（551.35 km）
158	86 960	64 000	长寿站（535.17 km）	74 960	52 000	杨家湾（551.35 km）
159	85 960	63 000	长寿站（535.17 km）	72 960	50 000	杨家湾（551.35 km）
160	84 960	62 000	长寿站（535.17 km）	71 960	49 000	杨家湾（551.35 km）
161	82 960	60 000	长寿站（535.17 km）	70 960	48 000	芝麻坪（545.56 km）
162	81 960	59 000	长寿站（535.17 km）	68 960	46 000	芝麻坪（545.56 km）
163	80 960	58 000	长寿站（535.17 km）	66 960	44 000	芝麻坪（545.56 km）
164	78 960	56 000	长寿区（530.87 km）	64 960	42 000	芝麻坪（545.56 km）
165	76 960	54 000	长寿区（530.87 km）	62 960	40 000	芝麻坪（545.56 km）
166	74 960	52 000	长寿区（530.87 km）	59 960	37 000	芝麻坪（545.56 km）
167	71 960	49 000	长寿区（530.87 km）	58 960	36 000	芝麻坪（545.56 km）
168	68 960	46 000	长寿区（530.87 km）	56 960	34 000	芝麻坪（545.56 km）
169	65 960	43 000	长寿区（530.87 km）	54 960	32 000	芝麻坪（545.56 km）
170	61 960	39 000	长寿区（530.87 km）	52 960	30 000	芝麻坪（545.56 km）
171	57 960	35 000	瓦罐窑（528.58 km）	50 960	28 000	芝麻坪（545.56 km）
172	55 960	33 000	瓦罐窑（528.58 km）	46 960	24 000	芝麻坪（545.56 km）
173	52 960	30 000	瓦罐窑（528.58 km）	38 960	16 000	瓦罐窑（528.58 km）
174	46 960	24 000	令牌丘（513.79 km）	—	—	—
174.5	42 160	20 000	令牌丘（513.79 km）	—	—	—
175	34 960	12 000	令牌丘（513.79 km）	—	—	—

6.2.3　以武隆站来水为主型洪水的库区淹没临界值

在以武隆站来水为主型洪水的分析中，考虑区间来水对三峡库区水面线的影响相对于寸滩站来水小，区间流量设置为 1 200 m³/s。武隆站流量取为 15 000 m³/s，出库流量考虑 30 000 m³/s、45 000 m³/s 两种工况，计算结果见表 6.14、表 6.15，实际调度时可从中查找得到三峡水库淹没可控的临界水位及流量，以指导实际调度，降低库区淹没风险。当三峡水库入库流量大于出库控制流量时，按出库控制流量泄流，当三峡水库入库流量小于出库控制流量时，按出、入库平衡控制。

表 6.14　以武隆站来水为主型洪水的入库临界流量（出库控制流量为 **30 000 m³/s**）

坝前水位 /m	不超移民线临界流量			不超土地线临界流量		
	总入流 /(m³/s)	寸滩站 /(m³/s)	超线地点（距坝里程）	总入流 /(m³/s)	寸滩站 /(m³/s)	超线地点（距坝里程）
145	86 200	70 000	长寿站（535.17 km）	75 200	59 000	杨家湾（551.35 km）
146	86 200	70 000	长寿站（535.17 km）	75 200	59 000	杨家湾（551.35 km）
147	86 200	70 000	长寿站（535.17 km）	75 200	59 000	杨家湾（551.35 km）
148	86 200	70 000	长寿站（535.17 km）	74 200	58 000	杨家湾（551.35 km）
149	85 200	69 000	长寿站（535.17 km）	74 200	58 000	杨家湾（551.35 km）
150	85 200	69 000	长寿站（535.17 km）	74 200	58 000	杨家湾（551.35 km）
151	84 200	68 000	长寿站（535.17 km）	73 200	57 000	杨家湾（551.35 km）
152	84 200	68 000	长寿站（535.17 km）	73 200	57 000	杨家湾（551.35 km）
153	84 200	68 000	长寿站（535.17 km）	72 200	56 000	杨家湾（551.35 km）
154	83 200	67 000	长寿站（535.17 km）	71 200	55 000	杨家湾（551.35 km）
155	82 200	66 000	长寿站（535.17 km）	71 200	55 000	杨家湾（551.35 km）
156	82 200	66 000	长寿站（535.17 km）	70 200	54 000	杨家湾（551.35 km）
157	81 200	65 000	长寿站（535.17 km）	69 200	53 000	杨家湾（551.35 km）
158	80 200	64 000	长寿站（535.17 km）	68 200	52 000	杨家湾（551.35 km）
159	79 200	63 000	长寿站（535.17 km）	67 200	51 000	杨家湾（551.35 km）
160	78 200	62 000	长寿站（535.17 km）	66 200	50 000	杨家湾（551.35 km）
161	77 200	61 000	长寿站（535.17 km）	64 200	48 000	芝麻坪（545.56 km）
162	76 200	60 000	长寿站（535.17 km）	63 200	47 000	芝麻坪（545.56 km）
163	74 200	58 000	长寿区（530.87 km）	61 200	45 000	芝麻坪（545.56 km）
164	73 200	57 000	长寿区（530.87 km）	59 200	43 000	芝麻坪（545.56 km）
165	71 200	55 000	长寿区（530.87 km）	57 200	41 000	芝麻坪（545.56 km）
166	68 200	52 000	长寿区（530.87 km）	55 200	39 000	芝麻坪（545.56 km）
167	66 200	50 000	长寿区（530.87 km）	54 200	38 000	芝麻坪（545.56 km）
168	63 200	47 000	长寿区（530.87 km）	52 200	36 000	芝麻坪（545.56 km）
169	60 200	44 000	瓦罐窑（528.58 km）	50 200	34 000	芝麻坪（545.56 km）
170	56 200	40 000	瓦罐窑（528.58 km）	48 200	32 000	芝麻坪（545.56 km）
171	54 200	38 000	瓦罐窑（528.58 km）	45 200	29 000	芝麻坪（545.56 km）
172	51 200	35 000	瓦罐窑（528.58 km）	41 200	25 000	芝麻坪（545.56 km）
173	48 200	32 000	瓦罐窑（528.58 km）	36 200	20 000	瓦罐窑（528.58 km）
174	42 200	26 000	令牌丘（513.79 km）	—	—	—
174.5	38 160	22 000	令牌丘（513.79 km）	—	—	—
175	34 960	18 000	令牌丘（513.79 km）	—	—	—

表 6.15　以武隆站来水为主型洪水的入库临界流量（出库控制流量为 45 000 m³/s）

坝前水位 /m	不超移民线临界流量			不超土地线临界流量		
	总入流 /（m³/s）	寸滩站 /（m³/s）	超线地点（距坝里程）	总入流 /（m³/s）	寸滩站 /（m³/s）	超线地点（距坝里程）
145	85 200	69 000	长寿站（535.17 km）	74 200	58 000	杨家湾（551.35 km）
146	85 200	69 000	长寿站（535.17 km）	73 200	57 000	杨家湾（551.35 km）
147	84 200	68 000	长寿站（535.17 km）	73 200	57 000	杨家湾（551.35 km）
148	84 200	68 000	长寿站（535.17 km）	73 200	57 000	杨家湾（551.35 km）
149	84 200	68 000	长寿站（535.17 km）	72 200	56 000	杨家湾（551.35 km）
150	83 200	67 000	长寿站（535.17 km）	72 200	56 000	杨家湾（551.35 km）
151	83 200	67 000	长寿站（535.17 km）	71 200	55 000	杨家湾（551.35 km）
152	82 200	66 000	长寿站（535.17 km）	70 200	54 000	杨家湾（551.35 km）
153	82 200	66 000	长寿站（535.17 km）	70 200	54 000	杨家湾（551.35 km）
154	81 200	65 000	长寿站（535.17 km）	69 200	53 000	杨家湾（551.35 km）
155	80 200	64 000	长寿站（535.17 km）	68 200	52 000	杨家湾（551.35 km）
156	79 200	63 000	长寿站（535.17 km）	67 200	51 000	杨家湾（551.35 km）
157	79 200	63 000	长寿站（535.17 km）	66 200	50 000	杨家湾（551.35 km）
158	78 200	62 000	长寿站（535.17 km）	65 200	49 000	芝麻坪（545.56 km）
159	77 200	61 000	长寿站（535.17 km）	64 200	48 000	芝麻坪（545.56 km）
160	76 200	60 000	长寿站（535.17 km）	63 200	47 000	芝麻坪（545.56 km）
161	74 200	58 000	长寿站（535.17 km）	61 200	45 000	芝麻坪（545.56 km）
162	72 200	56 000	长寿区（530.87 km）	59 200	43 000	芝麻坪（545.56 km）
163	71 200	55 000	长寿区（530.87 km）	57 200	41 000	芝麻坪（545.56 km）
164	69 200	53 000	长寿区（530.87 km）	55 200	39 000	芝麻坪（545.56 km）
165	67 200	51 000	长寿区（530.87 km）	54 200	38 000	芝麻坪（545.56 km）
166	64 200	48 000	长寿区（530.87 km）	53 200	37 000	芝麻坪（545.56 km）
167	61 200	45 000	长寿区（530.87 km）	51 200	35 000	芝麻坪（545.56 km）
168	58 200	42 000	长寿区（530.87 km）	50 200	34 000	芝麻坪（545.56 km）
169	55 200	39 000	瓦罐窑（528.58 km）	47 200	31 000	芝麻坪（545.56 km）
170	53 200	37 000	瓦罐窑（528.58 km）	44 200	28 000	芝麻坪（545.56 km）
171	50 200	34 000	瓦罐窑（528.58 km）	41 200	25 000	芝麻坪（545.56 km）
172	47 200	31 000	瓦罐窑（528.58 km）	38 200	22 000	瓦罐窑（528.58 km）
173	43 200	27 000	瓦罐窑（528.58 km）	34 200	18 000	瓦罐窑（528.58 km）
174	38 200	22 000	瓦罐窑（528.58 km）	27 200	11 000	瓦罐窑（528.58 km）
174.5	35 200	19 000	令牌丘（513.79 km）	—	—	—
175	32 200	16 000	令牌丘（513.79 km）	—	—	—

6.3　三峡库区淹没风险与调度运行对策

三峡库区移民线和土地线的确定主要基于 20 年一遇与 5 年一遇设计频率洪水的回水曲线。各频率洪水的回水曲线采用三种情况推算：①入库流量最大与相应库水位；②调洪的蓄水位最高与相应的出、入库流量；③汛末（10 月底）水库蓄至正常蓄水位与相应的 11 月洪峰频率流量。具体可见第 2 章。本节基于 2015 年现状地形条件，采用构建的洪水演进计算模型，分别计算 20 年一遇、5 年一遇洪水对移民线、土地线的影响，分析库区的淹没风险，结合典型洪水过程提出规避库区淹没风险的调度运行对策。

6.3.1　20 年一遇洪水对移民线淹没影响的临界值

1. 汛期 20 年一遇洪水来量最大条件

坝前水位与初步设计阶段一致，按 154.6 m 控制，计算淹没移民线的临界入库流量。结果表明，当寸滩站流量超过 74 400 m³/s（朱沱站流量、清溪场站流量、出库流量分别为 53 900 m³/s、71 200 m³/s、46 900 m³/s）时，部分库段的水面线将超过移民线，开始淹没的地点出现在长寿站，最大淹没深度为 0.24 m。需要说明的是，此时入库临界流量略小于三峡水库汛期 20 年一遇洪水入库流量（朱沱站流量、寸滩站流量、清溪场站流量分别为 54 600 m³/s、75 300 m³/s、76 700 m³/s）。

同时，保持出、入库流量与初步设计阶段一致，计算淹没移民线的临界库水位。结果表明，当坝前水位超过 153.2 m 时，部分库段的水面线将超过移民线，开始淹没的地点出现在长寿站。需要说明的是，此时的坝前临界水位 153.2 m 同样略低于三峡水库设计阶段发生汛期 20 年一遇来量最大洪水时的坝前水位 154.6 m。

因此，2015 年现状地形条件下，发生汛期 20 年一遇来量最大洪水时，按设计阶段调度方式和坝前水位，三峡水库将会出现部分库段的水面线超移民线的情况。

2. 汛期 20 年一遇洪水蓄水位最高条件

坝前水位与初步设计阶段一致，按 157.5 m 控制，计算淹没移民线的临界入库流量。结果表明，当寸滩站流量超过 62 200 m³/s（朱沱站流量、清溪场站流量、出库流量分别为 49 800 m³/s、67 600 m³/s、67 500 m³/s）时，部分库段的水面线将超过移民线，开始淹没的地点出现在长寿站。需要说明的是，此时入库临界流量已经明显大于三峡水库汛期 20 年一遇洪水蓄水位最高时的入库流量（朱沱站流量、寸滩站流量、清溪场站流量分别为 39 400 m³/s、49 200 m³/s、53 500 m³/s）。

同时，保持出、入库流量与初步设计阶段一致，计算淹没移民线的临界库水位。结果表明，当坝前水位超过 167.1 m 时，部分库段的水面线将超过移民线，开始淹没的地点出现在长寿区。需要说明的是，此时的坝前临界水位 167.1 m 已明显高于三峡水库设计阶段发生汛期 20 年一遇蓄水位最高洪水位时所采用的坝前水位 157.5 m。

因此，2015 年现状地形条件下，发生汛期 20 年一遇蓄水位最高洪水时，按设计阶段调度方式和坝前水位，三峡水库将不会出现移民线淹没的情况。

3. 汛末 20 年一遇洪水条件

与初步设计阶段一致，坝前水位按 175 m 控制，出库流量等于入库流量，计算淹没移民线的临界入库流量。结果表明，当寸滩站流量超过 28500 m³/s（朱沱站流量、清溪场站流量、出库流量分别为 22 700 m³/s、30 900 m³/s、30 900 m³/s）时，部分库段的水面线将超过移民线，开始淹没的地点出现在令牌丘断面。需要说明的是，此时入库临界流量已明显大于三峡水库发生汛末 20 年一遇洪水时的入库流量（朱沱站流量、寸滩站流量、清溪场站流量分别为 17 000 m³/s、21 300 m³/s、23 100 m³/s）。

同时，与初步设计阶段一致，保持出、入库流量不变，计算淹没移民线的临界库水位。结果表明，当坝前水位超过 175.9 m 时，部分库段的水面线将超过移民线，开始淹没的地点出现在令牌丘断面。需要说明的是，此时的坝前临界水位 175.9 m 已经超过三峡水库 175 m 正常蓄水位，坝前临界水位 175.9 m 只是理论上的计算成果，实际中基本不会出现。

因此，2015 年现状地形条件下，坝前水位为 175.0 m，发生汛末 20 年一遇洪水时，三峡水库不会出现移民线淹没。

综上所述，在 2015 年现状地形条件下，按设计阶段的计算条件，当发生汛期 20 年一遇来量最大洪水时，三峡水库会出现局部库段移民线淹没现象，最大淹没深度为 0.24 m，位于长寿站；当发生汛期 20 年一遇蓄水位最高洪水时，库区水位一般不会淹没移民线，除非坝前水位超过 167.1 m（超过设计阶段发生汛期 20 年一遇蓄水位最高洪水时的调洪水位 157.5 m）；当发生汛末 20 年一遇洪水时，库区水位也不会淹没移民线。当发生汛期 20 年一遇来量最大洪水时，库区水位不淹没移民线的临界条件是：坝前水位不超过 153.2 m 或寸滩站流量不超过 74 400 m³/s（朱沱站流量、清溪场站流量和出库流量分别不超过 53 900 m³/s、71 200 m³/s、46 900 m³/s）。

因此，当三峡水库发生 20 年一遇洪水时，在入库洪水上涨阶段，应根据需要通过上游水库群调度适当削减入库洪峰以避免库区移民线淹没，建议控制寸滩站洪水流量不超过 74 400 m³/s。在汛期 20 年一遇洪水退水阶段，一般不需要担心库区移民线淹没问题。在汛末同样不用担心库区移民线淹没问题。三峡水库 175 m 试验性蓄水以来开展了汛期中小洪水调度和汛末提前蓄水调度，从防止库区移民线淹没的角度出发，在汛期特别是主汛期的优化调度期间，建议坝前水位尽量不要超过 167.1 m（表 6.16）。

表 6.16　三峡水库 20 年一遇洪水对移民线淹没影响的临界值表

条件	初步设计阶段的条件	坝前水位不变时寸滩站流量临界值	入、出库流量不变时坝前水位临界值
汛期 20 年一遇洪水来量最大条件	坝前水位为 154.6 m；入、出库流量分别为 72 300 m³/s、47 500 m³/s；寸滩站流量为 75 300 m³/s	寸滩站流量不超过 74 400 m³/s	坝前水位不超过 153.2 m
汛期 20 年一遇洪水蓄水位最高条件	坝前水位为 157.5 m；入、出库流量分别为 53 500 m³/s、53 400 m³/s；寸滩站流量为 49 200 m³/s	寸滩站流量不超过 62 200 m³/s	坝前水位不超过 167.1 m
汛末 20 年一遇洪水条件	坝前水位为 175 m；入、出库流量均为 23 100 m³/s；寸滩站流量为 21 300 m³/s	寸滩站流量不超过 28 500 m³/s	坝前水位不超过 175.9 m

注：三峡水库初步设计阶段 20 年一遇洪水回水计算条件见表 2.1 和表 2.2，寸滩站汛期 20 年一遇洪水流量为 75 300 m³/s，寸滩站汛末 20 年一遇洪水流量为 21 300 m³/s，汛期 20 年一遇洪水蓄水位最高时寸滩站流量取相应于清溪场站的值。

6.3.2　5 年一遇洪水对土地线淹没影响的临界值

1. 汛期 5 年一遇洪水来量最大条件

坝前水位与初步设计阶段一致，按 147.2 m 控制，计算淹没土地线的临界入库流量。结果表明，当寸滩站流量超过 62 800 m³/s（朱沱站流量、清溪场站流量和出库流量分别为 45 200 m³/s、63 100 m³/s、54 100 m³/s）时，部分库段的水面线将超过土地线，开始淹没的地点出现在距坝里程 551.35 km 的杨家湾断面（附近最近的水位站为扇沱站）。需要说明的是，此时入库临界流量略高于三峡水库汛期 5 年一遇洪水入库流量（朱沱站流量、寸滩站流量、清溪场站流量分别为 44 200 m³/s、61 400 m³/s、63 000 m³/s）。

同时，保持出、入库流量与初步设计阶段一致，计算淹没土地线的临界库水位。结果表明，当坝前水位超过 151 m 时，部分库段的水面线将超过土地线，开始淹没的地点出现在杨家湾断面。需要说明的是，此时的坝前临界水位 151 m 已经略高于三峡水库设计阶段发生汛期 5 年一遇来量最大洪水时所采用的坝前水位 147.2 m。

因此，2015 年现状地形条件下，发生汛期 5 年一遇来量最大洪水时，按设计阶段调度方式和坝前水位，三峡水库将不会出现土地线淹没情况。

2. 汛期 5 年一遇洪水蓄水位最高条件

坝前水位与初步设计阶段一致，按 148.3 m 控制，计算淹没土地线的临界入库流量。结果表明，当寸滩站流量超过 59 600 m³/s（朱沱站流量、清溪场站流量和出库流量分别为 47 700 m³/s、64 800 m³/s、58 000 m³/s）时，部分库段的水面线将超过土地线，开始淹没的地点出现在杨家湾断面。需要说明的是，此时入库临界流量已明显大于三峡水库汛期 5 年一遇洪水蓄水位最高时的入库流量（朱沱站流量、寸滩站流量、清溪场站流量分别为 42 300 m³/s、58 700 m³/s、60 200 m³/s）。

同时，保持出、入库流量与初步设计阶段一致，计算淹没土地线的临界库水位。结果表明，当坝前水位超过 155.5 m 时，部分库段的水面线将超过土地线，开始淹没的地点出现在杨家湾断面。需要说明的是，此时的坝前临界水位 155.5 m 已经略高于三峡水库设计阶段发生汛期 5 年一遇蓄水位最高洪水时所采用的坝前水位 148.3 m。

因此，2015 年现状地形条件下，发生汛期 5 年一遇蓄水位最高洪水时，按设计阶段调度方式和坝前水位，三峡水库将不会出现土地线淹没情况。

3. 汛末 5 年一遇洪水条件

与初步设计阶段一致，保持坝前水位 175 m 不变，出库流量等于入库流量，计算淹没土地线的临界入库流量。结果表明，2015 年现状地形条件下，坝前水位为 175 m 时发生汛末 5 年一遇洪水，三峡水库存在土地线淹没风险，但最大淹没深度仅为 0.38 m，位于距坝里程 453.7 km 的南沱场断面（附近最近的水位站为白沙沱站），此时库区水位主要受坝前水位控制，合理控制坝前水位（降至 174.6 m）有助于消除土地线淹没风险。

综上所述，在 2015 年现状地形条件下，按初步设计阶段的计算条件，当发生汛末 5 年一遇洪水时，三峡库区存在土地线淹没风险；当发生汛期 5 年一遇来量最大洪水时，库区水位一般不会淹没土地线，除非坝前水位超过 151 m；当发生汛期 5 年一遇蓄水位最高洪水时，库区水位一般不会淹没土地线，库区水位不淹没土地线的临界条件是，坝前水位不超过 155.5 m 或寸滩站流量不超过 59 600 m³/s（朱沱站流量、清溪场站流量和出库流量分别不超过 47 700 m³/s、64 800 m³/s、58 000 m³/s）。

因此，三峡水库在实际调度运用过程中，需要注意库区土地线淹没问题。与移民线相比，三峡水库土地线相对更容易出现淹没（表 6.17）。

表 6.17　三峡水库 5 年一遇洪水对土地线淹没影响的临界值表

条件	初步设计阶段的条件	坝前水位不变时寸滩站流量临界值	入、出库流量不变时坝前水位临界值
汛期 5 年一遇洪水来量最大条件	坝前水位为 147.2 m；入、出库流量分别为 60 900 m³/s、52 900 m³/s；寸滩站流量为 61 400 m³/s	寸滩站流量不超过 62 800 m³/s	坝前水位不超过 151 m
汛期 5 年一遇洪水蓄水位最高条件	坝前水位为 148.3 m；入、出库流量分别为 60 200 m³/s、53 900 m³/s；寸滩站流量为 58 700 m³/s	寸滩站流量不超过 59 600 m³/s	坝前水位不超过 155.5 m
汛末 5 年一遇洪水条件	坝前水位为 175 m；入、出库流量均为 18 300 m³/s；寸滩站流量为 16 800 m³/s	—	—

注：三峡水库初步设计阶段 5 年一遇洪水回水计算条件见表 2.1 和表 2.2，汛期 5 年一遇洪水寸滩站流量为 61 400 m³/s，寸滩站汛末 5 年一遇洪水流量为 16 800 m³/s，汛期 5 年一遇洪水蓄水位最高时寸滩站流量取相应于清溪场站的值。

6.3.3　三峡库区淹没风险

根据 6.3.1 小节和 6.3.2 小节的成果，在 2015 年现状地形条件下，按设计回水推算条件，三峡水库 20 年一遇设计洪水中：汛期 20 年一遇洪水来量最大条件下的计算水面线高于设计移民线，最大偏高 0.24 m；汛期 20 年一遇洪水蓄水位最高条件和汛末 20 年一遇洪水条件的计算水面线均低于设计移民线。三峡水库 5 年一遇设计洪水中，汛期 5 年一遇洪水来量最大条件和汛期 5 年一遇洪水蓄水位最高条件的计算水面线均略低于设计土地线。三峡水库存在库区淹没风险，水库调度中需要注意库区淹没问题。

在三峡水库移民线淹没方面，在 2015 年现状地形条件下，按设计阶段的计算条件，当发生汛期 20 年一遇来量最大洪水时，需将对应的坝前水位从初步设计的 154.6 m 降至 153.2 m 才能使得移民线不发生淹没；当发生汛期 20 年一遇蓄水位最高洪水时，库区水位一般不会淹没移民线，除非坝前水位超过 167.1 m（超过了设计阶段发生汛期 20 年一遇蓄水位最高洪水时的调洪水位 157.5 m）；当发生汛末 20 年一遇洪水时，库区水位不会淹没移民线。当发生汛期 20 年一遇来量最大洪水时，库区水位不淹没移民线的临界条件是：坝前水位不超过 153.2 m 或寸滩站流量不超过 74 400 m³/s（朱沱站流量、清溪场站流量和出库流量分别不超过 53 900 m³/s、71 200 m³/s、46 900 m³/s）。

在三峡水库土地线淹没方面，在 2015 年现状地形条件下，按设计阶段的计算条件：当发生汛期 5 年一遇来量最大洪水时，库区水位一般不会淹没土地线，除非坝前水位超过 151 m（超过了设计阶段发生汛期 5 年一遇来量最大洪水时的调洪水位 147.2 m）；当发生汛期 5 年一遇蓄水位最高洪水时，库区水位不淹没土地线的临界条件是，坝前水位不超过 155.5 m 或寸滩站流量不超过 59 600 m³/s。

6.3.4 规避库区淹没风险的运行方式

从三峡水库 175 m 试验性蓄水运用起至 2018 年，库区水面线均没有超过移民线，但部分年份在局部库段出现短时超土地线情况，具体包括 2011 年 11 月 6 日入库洪水期间、2012 年 7 月 24 日入库洪水期间、2014 年 9 月 20 日入库洪水期间和 2014 年 10 月 30 日入库洪水期间等。本小节针对这 4 场典型洪水过程进行三峡水库规避库区淹没风险的运行方式分析。

1. 2011 年 11 月典型洪水过程计算

2011 年 11 月 4～14 日实测入库洪水过程（图 6.16）中，11 月 7 日坝前水位达到最高值 175 m，寸滩站、清溪场站最大洪水流量分别为 16 200 m³/s、17 500 m³/s，仅略低于汛末 5 年一遇洪水标准（寸滩站流量为 16 800 m³/s，清溪场站流量为 18 300 m³/s）。与设计土地线相比，11 月 6～11 日共有 6 天库区水位超过土地线高程，其中 11 月 7 日坝前水位为 175 m，土地线淹没深度也最大（淹没深度最大处位于距坝里程 437.28 km 的白沙沱站附近），扇沱站至巴东站段长约 470 km 河段的水面线均略高于土地线。

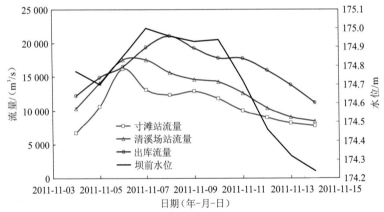

图 6.16　2011 年 11 月典型洪水实测流量及坝前水位过程（6～11 日库区水位超土地线）

为避免土地线淹没，分析降低坝前水位和削减入库流量两种优化调度建议，并分别进行计算。降低坝前水位运行方式的计算结果表明，将 11 月 6～11 日坝前水位全部降至 174.7 m，可将库区水面线全部降至土地线以下；减小入库流量运行方式的计算结果表明，要将库区水面线全部降至土地线以下，一般需要将寸滩站流量降至 6 000 m³/s 以下。与汛期库尾局部淹没不同，汛末土地线淹没是沿程长距离的淹没，汛末上游水库为下游水库削峰拦洪的难度比较大。从调度的灵活性考虑，三峡水库汛末通常也不会维持 175 m 高水位。因此，当发生类似于 2011 年 11 月汛末洪水，库区出现长距离淹没时，建议优先采用适当降低坝前水位的方法避免库区土地线淹没，上游水库拦洪削峰可仅作为辅助措施。

2. 2012 年 7 月典型洪水过程计算

2012 年 7 月 22～28 日实测入库洪水过程（图 6.17）中，7 月 27 日坝前水位达到最高值 162.95 m，寸滩站、清溪场站最大洪水流量分别为 63 200 m³/s、63 000 m³/s，均出现在 7 月 24 日，与汛期 5 年一遇洪水标准（寸滩站流量为 61 400 m³/s，清溪场站流量为 63 000 m³/s）基本相当。7 月 24～25 日共有 2 天库区水位都超过土地线高程，其中 7 月 24 日土地线淹没深度达最大，淹没范围主要位于长寿区以上的库尾河段，7 月 24 日和 25 日三峡水库坝前水位分别为 157.16 m、160.26 m，入库寸滩站流量高于汛期 5 年一遇洪水流量。7 月 24～27 日中 24 日入库流量最大但坝前水位最低，而 24 日库尾水位最高，土地线淹没深度也最大（淹没深度最大处位于距坝里程 547.2 km 的扇沱站附近），可见 2012 年 7 月汛期库尾土地线淹没主要受入库寸滩站流量的影响，坝前水位的影响是次要的。

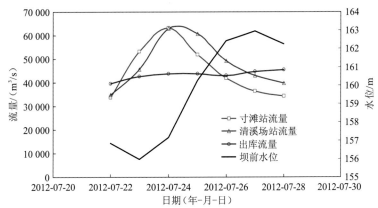

图 6.17　2012 年 7 月典型洪水实测流量及坝前水位过程（24～25 日库尾水位超土地线）

为避免土地线淹没，分析降低坝前水位和削减入库流量两种优化调度建议，并分别进行计算。降低坝前水位运行方式的计算结果表明，即使将 7 月 24 日坝前水位降至 145 m，库尾水位依然高于土地线；减小入库流量运行方式的计算结果表明，要将 24 日库区水面线降至土地线以下，需将寸滩站流量降至 57 000 m³/s 以下。与汛末高水位时的长距离淹没不同，汛期大流量时土地线淹没分布在库尾局部范围。在降低库尾水位上，降低坝前水位的效果要远小于削减入库流量，汛期上游水库一般均预留有防洪库容，具备为下游水库削峰拦洪的条件。因此，当发生类似于 2012 年 7 月汛期洪水，库区出现库尾局部淹没时，建议优先采用上游水库拦洪削峰的方式避免三峡水库库尾土地线淹没，降低坝前水位可作为辅助措施。

3. 2014 年 9 月典型洪水过程计算

2014 年 9 月 18～23 日实测入库洪水过程（图 6.18）中，寸滩站、清溪场站最大洪水流量分别为 44 600 m³/s、48 200 m³/s，分别出现在 9 月 19 日和 20 日，小于汛期 5 年一遇洪水流量。与设计土地线相比，9 月 19～20 日 2 天库区水位都超过土地线高程，其中 9 月 20 日土地线淹没深度最大，淹没范围主要位于长寿区以上的库尾河段，9 月 19 日和 20 日三峡水库坝前水位分别为 166.67 m、167.4 m，显然，坝前水位过高是库尾出现土地线淹没的主要原因。寸滩站 9 月 20 日流量为 42 300 m³/s，小于 9 月 19 日的 44 600 m³/s，9 月 20 日的坝前水位高于 9 月 19 日造成了 9 月 20 日相对更高的库尾水位和土地线淹没深度。

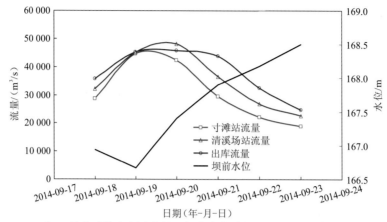

图 6.18　2014 年 9 月典型洪水实测流量及坝前水位过程（19～20 日库尾水位超土地线）

　　为避免土地线淹没，分析降低坝前水位和削减入库流量两种优化调度建议，并分别进行计算。降低坝前水位运行方式的计算结果表明，要将 9 月 20 日库尾水位降至土地线以下，需要将 9 月 20 日坝前水位至少降至 156.68 m，坝前水位下降超过 10 m，出库流量由 45 700 m³/s 增大到 100 000 m³/s 以上；减小入库流量运行方式的计算结果表明，要将 9 月 20 日库尾水位降至土地线以下，需要将 9 月 20 日寸滩站流量由 42 300 m³/s 削减至 32 800 m³/s 以下，削减流量约 10 000 m³/s。可见，降低坝前水位的效果要远小于削减入库流量，且腾库增泄对坝下游防洪不利。因此，当发生类似于 2014 年 9 月的汛期洪水时，建议优先采用上游水库拦洪削峰的方式避免三峡水库库尾土地线淹没，降低坝前水位可仅作为辅助措施。

4. 2014 年 10 月典型洪水过程计算

　　2014 年 10 月 28 日～11 月 2 日实测入库洪水过程（图 6.19）中，10 月 31 日坝前水位达到最高值 175 m，寸滩站、清溪场站最大洪水流量分别为 16 300 m³/s、20 900 m³/s，与汛末 5 年一遇洪水标准（寸滩站流量为 16 800 m³/s，清溪场站流量为 18 300 m³/s）相当。与设计土地线相比，10 月 29～31 日连续 3 天库区都存在水位超土地线河段，其中 10 月 30 日坝前水位为 174.9 m，土地线淹没深度最大（淹没深度最大处位于距坝里程 437.28 km 的白沙沱站附近），扇沱站至巴东站段长约 470 km 河段的水面线均略高于土地线。

　　为避免土地线淹没，分析降低坝前水位和削减入库流量两种优化调度建议，并分别进行计算。降低坝前水位运行方式的计算结果表明，将 10 月 30 日坝前水位全部降至 174.6 m，可将库区水面线全部降至土地线以下；减小入库流量运行方式的计算结果表明，要将库区水面线全部降至土地线以下，一般需要将寸滩站流量降至 7 600 m³/s 以下。与 2011 年 11 月典型洪水过程类似，2014 年 10 月汛末土地线淹没是沿程长距离的淹没，汛末上游水库为下游水库削峰拦洪的难度比较大。从调度的灵活性考虑，三峡水库汛末通常也不会维持 175 m

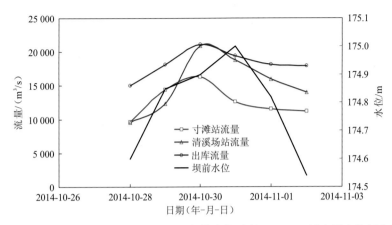

图 6.19　2014 年 10 月典型洪水实测流量及坝前水位过程（29～31 日库区水位超土地线）

高水位。因此，当发生类似于 2014 年 10 月汛末洪水，库区出现长距离淹没时，建议优先采用适当降低坝前水位的方法避免库区土地线淹没，上游水库拦洪削峰可仅作为辅助措施。

综上所述，三峡水库汛期坝前水位低于 175 m，当库尾可能出现土地线的局部短时淹没（如发生类似于 2012 年 7 月和 2014 年 9 月洪水）时，建议优先采用上游水库拦洪削峰的方式避免三峡水库库尾土地线淹没，降低坝前水位可仅作为辅助措施。三峡水库汛末坝前水位接近 175 m，当库区可能出现土地线的长距离、较长时间淹没（如发生类似于 2011 年 11 月和 2014 年 10 月洪水）时，建议优先采用适当降低坝前水位的方法避免库区土地线淹没，上游水库拦洪可仅作为辅助措施，将坝前水位控制在 174.6 m 以下可避免库区土地线淹没。

第7章

三峡水库不同运行水位淹没影响信息库

　　以三峡水库淹没实物指标体系为基础，根据历年蓄水淹没情况，本章分析三峡水库试验性蓄水以来库区淹没及相关影响情况。根据研究目标和淹没影响分析要求，确定水库不同运行水位可能淹没区的地域范围、高程范围、信息单元符等要素。通过人工调查和无人机调查的方式，获得库周淹没影响区本底地理信息，根据地块编码及要素信息分类的要求，建立主要地理信息要素齐全、可动态更新的主要地理要素信息库，可为系统分析三峡水库不同运行水位的淹没影响提供充足的数据支撑和保障。

7.1　三峡水库蓄水影响统计

7.1.1　库区塌岸、变形、滑坡情况

1. 库区塌岸情况

据统计，2008～2019 年试验性蓄水期间，三峡库区共出现库岸坍塌 571 处，发生次数为 686 次，坍塌面积为 2 900.65 亩，塌岸长度为 91.68 km。

从省市统计来看：湖北省库区共发生库岸坍塌 156 处、167 次，坍塌面积为 1 029.35 亩，塌岸长度为 24.67 km，主要分布在秭归县、兴山县；重庆市库区发生库岸坍塌 415 处、519 次，坍塌面积为 1 871.30 亩，塌岸长度为 67.01 km，主要分布在巫山县、开州区、涪陵区、渝北区、巴南区等。

从库岸坍塌发生频次统计来看：初次坍塌 511 处，坍塌面积为 2 767.65 亩，塌岸长度为 87.44 km。同一地点发生两次及以上坍塌的有 60 处，坍塌面积为 133 亩，塌岸长度为 4.24 km。

从干支流统计来看：长江干流发生库岸坍塌 293 处、368 次，坍塌面积为 1 743.60 亩，塌岸长度为 46.19 km；长江支流发生库岸坍塌 278 处、318 次，坍塌面积为 1 157.05 亩，塌岸长度为 45.49 km。

库区塌岸发生的主要特点如下。

（1）库岸坍塌发生次数总体呈下降趋势。试验性蓄水期间，库区共发生库岸坍塌 686 次，分年度发生次数总体呈下降趋势，由 2008 年首次试验性蓄水期间的 312 次降至 2019 年蓄水期间的 13 次。

（2）少数县（区）库岸坍塌发生次数较多。试验性蓄水期间，秭归县（118 次）、巴南区（86 次）、涪陵区（118 次）、开州区（63 次）等县（区）发生库岸坍塌的次数较多，共发生 385 次，占库区出现库岸坍塌总次数的 50% 以上。

2. 崩滑体变形情况

2008～2019 年试验性蓄水期间，三峡库区共出现崩滑体变形 414 处（不含 2015 年起纳入试验性蓄水避险搬迁范围的涉水滑坡），发生次数为 481 次，崩滑体面积为 59 084.47 亩。

从省市统计来看：湖北省库区发生崩滑体变形 176 处、203 次，崩滑体面积为 28 452.65 亩，主要分布在秭归县、巴东县；重庆市库区发生崩滑体变形 238 处、278 次，崩滑体面积为 30 631.82 亩，主要分布在巫山县、巫溪县、奉节县、云阳县、开州区、丰都县。

从干支流统计来看：长江干流发生崩滑体变形 185 处、222 次，崩滑体面积为 30 907.49 亩；长江支流发生崩滑体变形 229 处、259 次，崩滑体面积为 28 176.98 亩。

从崩滑体变形发生频次统计来看：初次变形的有 360 处，崩滑体面积为 39 148.82 亩，湖北省库区（153 处）主要分布在秭归县（100 处）、巴东县（30 处），重庆市库区（207 处）主要分布在巫山县（23 处）、奉节县（17 处）、云阳县（41 处）、丰都县（30 处）、忠

县（39 处）；发生两次及以上变形的有 54 处，崩滑体面积为 19 935.65 亩，湖北省库区（23 处）主要分布在巴东县（4 处）、秭归县（18 处），重庆市库区（31 处）主要分布在奉节县（10 处）、丰都县（7 处）。

库区崩滑体变形发生的主要特点如下。

（1）崩滑体变形发生次数总体呈下降趋势。试验性蓄水期间，库区共发生崩滑体变形 481 次，分年度发生次数总体呈下降趋势，由 2008 年首次试验性蓄水期间的 263 次降至 2019 年蓄水期间的 20 次。

（2）部分县（区）库岸容易发生崩滑体变形。试验性蓄水期间，秭归县（137 次）、巴东县（41 次）、云阳县（46 次）、奉节县（41 次）、忠县（40 次）、丰都县（47 次）等县发生崩滑体变形的次数较多，上述县共发生崩滑体变形 352 次，占库区发生崩滑体变形总次数的 70% 以上。

3. 涉水滑坡情况

根据湖北省、重庆市地质主管部门的认定和技术单位 2015 年、2016 年、2017 年 3 次核查成果，以及 2017 年 5 月~2019 年 5 月试验性蓄水期间涉水滑坡基本情况统计，三峡库区共核查涉水滑坡 229 处，滑坡体涉及面积 40 938.37 亩。

从省市统计来看：湖北省库区有涉水滑坡 34 处，面积为 6 169.18 亩，主要分布在秭归县、兴山县等县；重庆市库区有涉水滑坡 195 处，面积为 34 769.19 亩，主要分布在巫山县、奉节县、云阳县、万州区、忠县、丰都县、涪陵区等县（区）。

从干支流统计来看：长江干流有涉水滑坡 111 处，面积为 22 094.67 亩；长江支流有涉水滑坡 118 处，面积为 18 843.70 亩。

7.1.2　库区生产生活设施受影响情况

在三建委统一部署、湖北省和重庆市统一指导下，库区各县（区）自 2008 年起对三峡水库 175 m 试验性蓄水影响分时段进行了核查和补偿补助。自 2012 年起至 2018 年 4 月，三峡库区已进行了 8 次核查，对存在居住安全隐患的人口房屋采取应急搬迁安置、政府组织周转过渡、群众自行周转过渡、监测居住等多种方式来确保居住安全，对受影响设施进行修复，确保功能恢复，解决了部分库周群众的居住安全和出行问题。

1. 居住安全

根据蓄水影响核查成果，2008~2017 年试验性蓄水期间，三峡库区居住安全受库岸坍塌、崩滑体变形、库岸地面沉陷变形影响的人口，以及涉水滑坡上存在安全隐患的避险搬迁人口共 41 607 人，涉及房屋面积 201.62 万 m^2，其中涉水滑坡避险人口 10 760 人。其中，湖北省库区受影响人口 5 743 人（含涉水滑坡避险人口 1 180 人）、房屋面积 33.85 万 m^2；重庆市库区受影响人口 35 864 人（含涉水滑坡避险人口 10 108 人）、房屋面积 167.77 万 m^2。

2. 设施

2008～2017 年试验性蓄水期间，库区各类生产生活、设施受损或受影响共计 896 处。其中，湖北省库区 348 处，重庆市库区 548 处。按类别分，道路 386 处、桥梁 50 处、码头渡口 128 处、取水设施 48 处、护坡挡墙 40 处、电力设施 57 处、广播电视 30 处、管网设施 19 处、通信设施 37 处、其他设施 101 处。

3. 有收益的土地

2008～2017 年试验性蓄水期间，因库岸坍塌、崩滑体变形毁损土地征收线以上有收益土地共 3 503.12 亩。其中，湖北省库区 631.05 亩，重庆市库区 2 872.07 亩。按类别分，耕地 1 743.79 亩、园地 1 255.70 亩、林地 492.18 亩、鱼塘 11.45 亩。

4. 特点分析

1）居住安全受影响情况特点分析

按试验性蓄水周期年度（当年 9 月至次年 9 月）分析，三峡工程试验性蓄水后居住安全受影响人口（不含涉水滑坡房屋暂未变形但存在安全隐患的人口）总体逐年减少。居住安全受影响人口主要是受库岸坍塌和库岸地面沉降变形影响。受库岸坍塌及地面沉降影响的人口共 22 126 人，占 80%，主要集中在秭归县、巴东县、奉节县、云阳县、万州区、涪陵区、长寿区等县（区）。

2）设施受影响情况特点分析

设施受影响数量呈逐年递减趋势。2008 年首次试验性蓄水期间，受影响设施有 392 处，2009～2016 年受影响设施为 35～91 处，总体逐年递减。

从设施类别情况看，受影响设施中交通设施（道路、桥梁、港口码头等）有 564 处，占全库的 60% 以上，受影响交通设施的占比较大。

3）有收益的土地受影响情况特点分析

有收益土地的毁损主要是由库岸坍塌、崩滑体失稳破坏造成的，较为集中地分布在库岸再造活动频繁的县，如秭归县、巫山县、奉节县等，主要发生在 2008 年首次试验性蓄水期间（1984.12 亩），2009 年试验性蓄水以后有收益土地的毁损面积逐年下降，至 2016 年降至 14.08 亩。

7.1.3　受影响生产、生活设施处理情况

1. 受影响人口处理情况

截至 2018 年 6 月，库区各县（区）已累计完成搬迁人口 30 673 人，涉及房屋面积 143.78 万 m^2，分别占计划的 81.82% 和 77.34%。其中，属 175 m 试验性蓄水的受影响人口为 24 292

人，面积为 111.16 万 m^2，受涉水滑坡影响的人口为 6 381 人，面积为 33.12 万 m^2。

2. 受影响设施处理情况

2008～2017 年试验性蓄水期间，库区各类生产、生活设施受损或受影响共计 896 处。截至 2018 年 6 月，库区各县（区）已永久修复、功能恢复的有 735 处，受影响较轻、不影响使用功能发挥、目前仍在监测使用的有 149 处，受影响较为严重、目前已暂停使用的有 12 处。

3. 受影响有收益土地处理情况

截至 2018 年 6 月，各县（区）已对受试验性蓄水影响而毁损的有收益土地 1 279.91 亩进行了补助，其中，湖北省 541.61 亩，重庆市 738.30 亩。按类别分，耕地 615.82 亩、园地 590.64 亩、林地 66.04 亩、鱼塘 7.41 亩。

总体而言，试验性蓄水期间，未造成人员伤亡，库区社会总体稳定。库区居住安全受影响人口和受损生产、生活设施数量持续减少，居住安全受影响人口避险搬迁力度加大。

7.2　三峡水库不同运行水位淹没影响信息库建设

信息库建设是开展洪水淹没风险评估的重要基础（黄艳 等，2020）。在蓄水影响统计分析的基础上，以水库河道中心为轴，确定三峡水库淹没影响的最大范围及其涉及的实物指标；改进现有的淹没实物指标调查体系的结构，分库段、分高程划分地块，以地块为淹没影响要素信息的基本信息单元；以地形图和影像图为基础，对信息单元进行编码，构建地理地物信息指标的框架结构，从图上获取相关的淹没影响要素信息，采取人工野外调查和无人机相结合的方式调查、复核数据信息，建立本底信息库。

7.2.1　建设范围

三峡水库运行水位淹没影响分析的调查范围，应覆盖水库库区、库周因不同运行水位可能受到淹没及可能产生相关影响的地带。

1. 平面范围

三峡水库不同运行水位淹没影响分析的调查平面范围为，从三峡水库坝前到干流库尾花红堡的干支流库区两岸，具体为从三峡大坝坝前（河道中心距 0.0 km）到库尾江津区花红堡（河道中心距 667.0 km）长江干流两岸，以及该区间内所有支流，支流范围为从支流入江口到其相应库尾地点的支流两岸。

2. 高程范围

1）干流高程范围

三峡库区土地线以下范围涉及的实物均已进行了淹没补偿处理，故以土地线为调查高程范围的下边界。以 1%频率的洪水水面线为基础，对调查高程范围的上边界进行分析和确定。根据三峡水库正常蓄水位和汛期的水库回水情况，水库正常蓄水位 175 m 的回水末端位于涪陵区盐渍溪附近，汛后 5%来水的回水末端位于江北区郭家沱附近，在坝址到盐渍溪附近，水库水位主要受坝前水位的影响，称为常年回水区；从盐渍溪附近到郭家沱附近，水库水位同时受坝前水位和入库流量的影响，称为变动回水区；从郭家沱附近至库尾（花红堡），水库水位受入库流量的影响较大，称为非汛期淹没区。三个河段的水面线由于受坝前水位和入库流量的影响不尽相同，在不同工况条件下水位变化范围也有明显差异。为方便研究，三个河段调查上边界分析和确定结果如下。

（1）常年回水区。由 2009～2018 年实测水位上包线的分析可知，2011 年 10 月底的清溪场站至忠县站段、2011 年 11 月～2012 年 4 月的扇沱站至巴东站段、2012 年 5～10 月的寸滩站至长寿站段、2014 年 5～10 月的麻柳嘴站至巴东站段和 2014 年 11 月～2015 年 4 月的清溪场站至忠县站段的水位上包线均略高于土地线，且低于 1%频率的洪水水面线。

三峡水库试验性蓄水以来，无论是在汛期还是在汛末都发生了一定时间段内的局部区段洪水淹没情况，但淹没高程有限，略高于土地征用线。基于安全、稳妥考虑，确定常年回水区以 1%频率的洪水水面线为干流调查上边界高程。

（2）变动回水区。三峡库区岸线地貌形态多变，干流库面宽 300～3 000 m 不等，发生过水断面宽度突变的地方较多。根据一维水动力学模型计算结果，在河道宽度发生突变且无侧流汇入、分出的情况下，流速和水面线高度均会发生明显变化。一般来说，当河道宽度突然变窄时，水位会明显涨高。南岸区峡口镇郭家沱属于变动回水区，水面情况多变，淹没情况复杂，江面宽从 300 m 突变至 1 200 m。根据《重庆市主城区城市防洪规划（2006～2020）》，郭家沱在 1987 年 7 月中旬特大洪水中，洪水水位为 187.8 m，相当于 75 年一遇，低于 1%频率的洪水水位高程。

三峡水库试验性蓄水以来，变动回水区出现最大流量时的水位基本接近汛后 5 年一遇或者是汛期 5 年一遇洪水水面线。基于安全、稳妥考虑，变动回水区以 1%频率的洪水水面线为干流调查上边界高程。

（3）非汛期淹没区。非汛期淹没区由于三峡库区回水特性，受上游来水的影响大于受回水的影响。而随着长江上游梯级水库群的陆续建成，非汛期淹没区对洪水的调节能力大幅提高，同时重庆市主城区防洪基础设施逐渐完善，防洪标准提高。综合《三峡工程专题报告汇编》（1990 年）、《重庆市主城区岸线整治河工模型试验研究报告》（2000 年）和《关于三峡工程变动回水区航道与港口泥沙淤积治理问题设计研究的汇报材料》（2006 年）等相关资料，基于安全、稳妥考虑，认为非汛期淹没区上边界高程取汛后 20 年一遇来水水面线高程再加 2m 高度较为合适。

综上，干流各河段相关断面开展调查的上下边界高程表如表 7.1 所示。

表 7.1　三峡水库的调查上下边界高程

断面名称	距坝里程/km	调查下边界高程/m	调查上边界高程/m	1%频率洪水回水高程/m
坝址至大青溪段	0~119.7	175.0	177.0	177.0
巫山至南沱场段	124.3~450.4	175.1	177.0	177.0
盐汉溪至郭家嘴段	453.4~481.7	175.2	177.0	177.0
涪陵站	484.1	175.3	177.0	177.0
鸣羊嘴	488.9	175.3	177.5	177.5
碧筱溪	492.2	175.3	178.0	178.0
李渡镇	496.4	175.4	178.5	178.5
北拱	501.1	175.4	178.5	178.5
盐井沟	506.4	175.4	179.1	179.1
令牌丘	508.9	175.5	179.1	179.1
石沱	513.4	175.5	180.1	180.1
周家院子	518.4	175.5	180.7	180.7
瓦罐窑	521.4	175.5	181.5	181.5
长寿区	525.1	175.6	182.1	182.1
长寿站	530.6	175.7	182.5	182.5
唐家湾	533.9	175.7	183.0	183.0
芝麻坪	538.1	175.8	183.8	183.8
杨家湾	543.7	176.1	184.6	184.6
婿家湾	549.2	176.8	185.1	185.1
下刘家坪	553.6	177.6	185.9	185.9
中湾	557.7	178.4	186.6	186.6
木洞	563.1	179.3	187.4	187.4
温家沱	568.3	180.0	188.1	188.1
大塘坝	573.9	180.7	188.9	188.9
弹子田	579.6	176.5	190.0	190.0
广阳坝	583.8	176.6	190.5	190.5
郭家沱	587.5	176.8	191.3	191.3
唐家沱	589.6	176.8	191.3	191.3
生基塘	593.5	176.9	192.0	192.0
寸滩站	596.7	177.1	183.7	183.7

断面名称	距坝里程/km	调查下边界高程/m	调查上边界高程/m	1%频率洪水回水高程/m
嘉陵江口下	601.8	177.2	180.9	—
重庆站	603.7	177.2	180.5	—
风水寺	606.6	177.4	180.7	—
黄桶堡	611.9	177.8	181.2	—
葛家岩	617.2	178.2	181.7	—
郭家坪	620.3	178.4	181.9	—
大渡口站	624.5	178.7	182.3	—
茄子溪	628.6	179.0	182.6	—
贾家湾	633.0	179.3	183.0	—
滩河湾	638.4	180.2	184.0	—
学堂堡	641.3	180.9	184.4	—
白沙沱站*	646.7	181.6	185.4	—
猫儿峡站	650.6	181.8	185.7	—
铜罐驿	654.6	182.1	185.9	—
中山坝	658.4	183.3	186.8	—
羊角滩	662.9	184.7	188.0	—
花红堡	667.0	184.7	188.7	—

*此处的白沙沱站为三峡工程论证阶段水库回水计算所采用的白沙沱水位站河道断面。

2）支流高程范围

（1）支流调查下边界。根据《长江三峡水利枢纽初步设计报告》，三峡水库支流调查下边界高程同支流河口处干流的调查下边界高程，即土地线高程。

（2）支流调查上边界。根据《长江三峡水利枢纽初步设计报告（枢纽工程）》第四篇综合利用规划，支流回水计算过程主要包括以下要点：以支流库区横断面代表沿程水力特征；根据支流设计频率的洪峰流量并考虑沿程库容的调蓄作用求得沿程的流量，并将其作为推算流量；考虑各频率的设计洪水过程中可能出现的几种组合，推算相应的支流水面线，并取其上包线作为各频率的支流回水曲线；将同一频率洪水的支流回水曲线与天然水面线的差值小于规定数值的地点作为回水末端，此差值按 0.3 m 控制。

考虑到平水段支流经蓄水后未出现明显变动回水区，支流平水段的调查上边界高程同支流河口处干流的上边界高程。对于变动回水区和库尾，因为嘉陵江、渠溪河、乌江、小江四条支流回水变动现象比较明显，且支流末端建有水电站或拦水坝，所以这四条支流调查上边界高程与同支流河口处对应干流所在位置的上边界高程不一致。

根据初步设计阶段支流回水计算成果，嘉陵江回水末端为北碚站，回水长度为 61.0 km，调查上边界最高点高程为 181.8 m。渠溪河回水末端为吊咀村，回水长度为 14.3 km，调查上边界最高点高程为 177.0 m。乌江回水末端为白马镇，回水长度为 44.8 km，非汛期淹没区末端为武隆站，距离河口 70.5 km，调查上边界最高点位于桐麻湾，高程为 183.8 m。小江回水末端为小江延长点，回水长度为 102.4 km，调查上边界最高点高程为 178.9 m。

7.2.2　信息单元

传统库周要素信息调查方式，如移民安置规划设计前开展的水电工程建设征地实物指标调查，侧重于确定实物指标量，以及这些指标量所在的村、社等。实物指标调查仅区分淹没区、淹没影响区域及枢纽工程建设区，以建制村为最小调查单元进行汇总，部分实物指标调查数据仅有一个汇总值。

按照传统调查方式，所收集的要素信息不包含对应的水面线信息，无法依据水面线来进行汇总。同时，部分实物指标数据仅有一个汇总值，当库区少数地块的地理信息要素发生改变时，只能对汇总数据进行更新，无法对该地块单元数据进行更新。

在工作范围确定后，对工作范围内的区域进行系统划分，形成网格单元系统。信息库建立时，按垂直于河道进行库段划分，按平行于河道进行高程分级，将调查范围划分为众多地块单元。通过对工作范围内的区域进行库段划分和高程分级，改进原有的调查方式，以满足现场调查工作需求和数据动态管理的要求。

按照本书的调查方式，对调查区域划分地块单元，以地块单元为调查单元对区域内的要素信息进行采集，将采集到的要素信息存放至淹没影响本地信息库的各个地块单元中，各个地块单元均可以按照要求，通过汇总要素信息来获取目的数据。当库区少量地块的地理信息要素需要更新时，可以有针对性地对需要更正的地块进行修正，保证其他地块信息要素的稳定性。传统调查与本书调查信息要素单元对比情况如表 7.2 所示。本书提出的调查方式操作性更强、可确保调查信息要素的统计口径一致，并可为淹没影响分析提供栅格化数据。

表 7.2　传统调查与本书调查信息要素单元对比

对比内容	传统调查	本书调查
是否有要素信息单元	是	是
要素信息单元划分依据	依据行政区划划分	依据库岸地形划分
是否可以对要素信息单元更新	否	是
是否可以对要素信息汇总值更新	是	是

1. 库段划分

三峡水库为典型河道型水库，具有河流和水库的双重特性，加之岸线长、库岸地形复杂，需要对三峡水库沿程河道进行库段划分。按划分后的库段分别进行要素信息统计，确定水库干支流两岸各库段在一定高程范围内的实物分布，分析三峡库区不同区段内的淹没影响情况。

1）划分原则

库段划分分为基本库段划分和工作库段划分两个步骤，基本库段长度较长，库段断面为库区河道水位控制性断面，工作库段是基本库段内插工作库段线而划分出来的库段，长度较短，其库段断面为进行调查工作时的控制性断面。

在对基本库段进行划分时，将《长江三峡水利枢纽初步设计报告》中回水计算所采用的 135 个断面作为基本库段断面。在对工作库段进行划分时，结合现场调查特点，尽量在满足划分要求的基础上，减少调查工作量。

划分原则还包括：对于城镇码头、工业区、堤防、滑坡、崩岸、变形体等重要地理地址信息，尽量划分到一个工作库段；避免将工作库段断面定在支流或库汊河口中心的江面上；基本库段内有县（区）边界位置的，应用工作断面划分开；基本库段内有水文数据测点或者水尺位置的，如果有相应测点数据，工作断面可以划分在其处。

2）基本库段划分

根据《长江三峡水利枢纽初步设计报告》中的干流各断面土地线和移民线表，将坝址至花红堡段 667 km 划分出 135 个断面。由于初步设计中各段面的水文数据、流量已经利用历史观测资料进行了较为充分的分析，各水位计算结果都较准确。另外，135 个断面全部进行了回水计算，各断面上的回水高程值可以作为控制性高程，并可对上、下游其他断面进行核算。本次基本库段划分将《长江三峡水利枢纽初步设计报告》中干支流各断面土地线和移民线表中的断面作为基本库段断面，每两个基本库段断面之间为基本库段。

3）工作库段划分

在划分完基本库段后，基本库段断面间距多为 4~8 km。而相邻的基本库段断面高程存在一定的高差，少量库段高差较大。若直接采用基本库段断面的上下边界替代库段内其他位置的上下边界，而基本库段的上下边界线呈现台阶的形式，库段内的上下边界高程会存在误差，基本库段越长，误差越大。因此，需要在基本库段内划分工作库段，对上边界进行插值，以减小误差。

设下游向上游方向为正方向，将某个库段内的起点距坝址的里程设为 x_1，终点距坝址的里程设为 x_2，根据库段的划分规则和上边界的范围描述，该库段内的上边界关于坝址里程的函数为

$$f(x) = kx + a, \quad x \in [x_1, x_2]$$

式中：k 和 a 均为参数。若直接采用基本库段断面的上下边界替代断面内其他位置的上下边界，库段内的上边界关于坝址里程的函数为

$$p_1(x) = a, \quad x \in [x_1, x_2]$$

如果在基本库段内等距离划分 n 个工作库段断面，每相邻两个工作库段断面的距离为 $(x_2 - x_1)/n$，对上边界进行插值后，再将插值后的上边界替代断面内其他位置的上边界，库段内的上边界关于坝址里程的函数为

$$p_2(x) = \begin{cases} a, & x \in \left[x_1, \dfrac{x_2 - x_1}{n} + x_1\right) \\[2mm] f\left(x_1 + \dfrac{x_2 - x_1}{n}\right) + a, & x \in \left[\dfrac{x_2 - x_1}{n} + x_1, \dfrac{2(x_2 - x_1)}{n} + x_1\right) \\[2mm] f\left(x_1 + \dfrac{2(x_2 - x_1)}{n}\right) + a, & x \in \left[\dfrac{2(x_2 - x_1)}{n} + x_1, \dfrac{3(x_2 - x_1)}{n} + x_1\right) \\[2mm] \cdots, & \cdots \\[2mm] f\left(x_1 + \dfrac{n(x_2 - x_1)}{n}\right) + a, & x \in \left[\dfrac{(n-1)(x_2 - x_1)}{n} + x_1, x_2\right] \end{cases}$$

函数图形如图 7.1 所示。

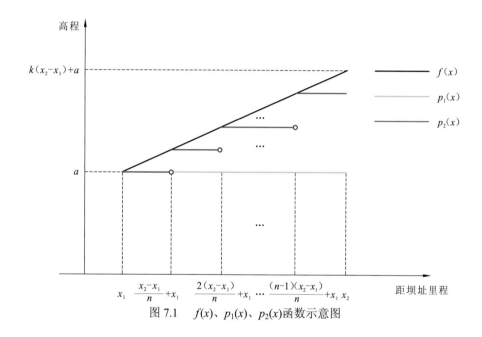

图 7.1　$f(x)$、$p_1(x)$、$p_2(x)$ 函数示意图

采用工作库段断面划分的方式可有效降低统计误差，如寸滩站至嘉陵江口下段，水位落差大，调查水位骤然从 193.1 m 回落到 180.9 m，如果采用基本断面的上下边界替代该断面内其他位置的上下边界，绝对误差达 12.2 m，相对误差为 6.32%；如果对该基本库段划分四个工作断面并进行水位插值，绝对误差降至 2.44 m，相对误差降至 1.3%。绝对误差示意图和随距坝里程变化情况如图 7.2、图 7.3 所示。

通过在基本库段划分工作断面的方法，调查水位控制效果明显提升，当 n 越大时，误差值越小，即工作库段断面划分得越密集，调查水位的确定就越精确。但 n 值越大，相应调查工作量明显增大。上边界水位误差、调查工作量、工作库段划分长度三者之间的关系如图 7.4 所示。

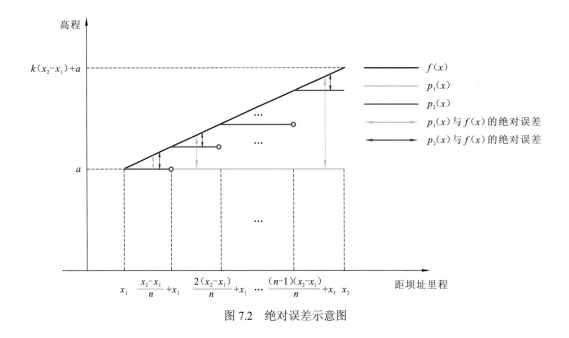

图 7.2　绝对误差示意图

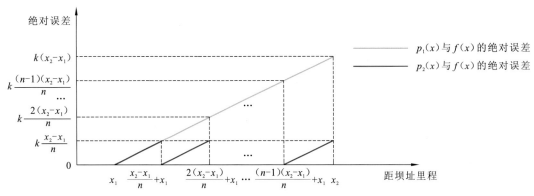

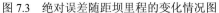

图 7.3　绝对误差随距坝里程的变化情况图

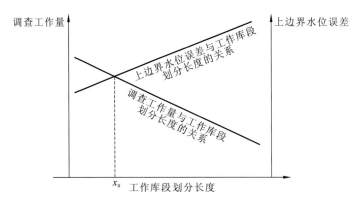

图 7.4　上边界水位误差、调查工作量、工作库段划分长度三者之间的关系示意图

由图 7.4 可以看出，工作库段划分长度与上边界水位误差呈正相关关系，与调查工作量呈负相关关系，即工作库段划分长度不断增大时，上边界水位误差也不断增大，调查工作量不断减小。两条关系线存在一个交点，设交点处工作库段划分长度为 x_0，当工作库段划分长度小于 x_0 时，调查工作量变得很大，成为主要不利因素；当工作库段划分长度大于 x_0 时，上边界水位误差变得很大，成为主要不利因素。而当工作库段划分长度为 x_0 时，调查工作量和上边界水位误差均较低，能同时满足调查精度和调查工作量的要求。

根据试点调查时库段划分情况，认为工作库段划分长度 x_0 为 1.5 km 左右时，正好满足单次调查半径的要求，且库段内的上边界水位相对误差控制在 0.2%左右，控制效果较为理想，可认为当工作库段划分长度为 1.5 km 时，调查工作量和上边界水位误差均较低，能同时满足调查精度和调查工作量的要求。

由于在实际调查过程中，难以精确、具体地划分长度，一般是将有明显的类地物信息要素的地方作为工作库段的划分标记，方便现场指认及定位，或者是将县（区）、乡镇等行政区划作为工作库段的划分标记，所以本次调查将工作库段划分长度确定在 1～2 km。

4）库段划分情况

由于三峡水库水系发育、支流众多，将库段按干流和支流两大部分进行划分，其中干流划分包括干流基本库段划分、干流工作库段划分；根据支流河道长度和有无回水计算，支流划分包括次要支流划分、重要支流划分。

（1）干流划分。干流基本库段：根据《长江三峡水利枢纽初步设计报告》中的干流各断面土地线和移民线表，将回水计算断面作为干流的基本库段断面，干流自坝址向库尾沿河道进行断面划分，形成干流基本库段。因此，三峡水库共划分 135 个基本断面，每两个基本库段断面之间作为基本库段，共计 134 个基本库段。

干流工作库段：在干流基本库段内，从下游向上游沿河道中心线每隔 1～2 km 划分一个工作库段，并区分左右岸。每个基本库段划分为 1～8 个工作库段，共划分了 523 个工作库段。干流基本库段和工作库段的划分结果详见表 7.3。

（2）支流划分。三峡水库蓄水后岸线长，回水面积大，存在众多支流，需单独进行支流划分工作。本节对 11 条重要一级支流和 79 条次要一级支流开展了库段划分。下面重点对重要一级支流的库段划分情况进行介绍。

根据《长江三峡水利枢纽初步设计报告》，有 11 条重要一级支流进行了回水计算，分别为香溪河、大宁河、梅溪河、磨刀溪、汤溪河、小江、龙河、渠溪河、乌江、御临河、嘉陵江，这 11 条重要支流的划分方向、划分方法与干流基本库段和工作库段保持一致。处于干流平水段的有 7 条，处于变动回水区有的有 3 条，处于库尾段的有 1 条。11 条重要一级支流的库段情况如表 7.4 所示。

表 7.3　三峡水库干流库段划分

基本库段序号	库段名称	断面距坝里程/km	基本库段长度/km	工作库段个数	是否有支流	支流名称	基本段地貌特点
1	坝址至太平溪段	0	7.0	3	否		库岸较缓、多为人工库岸
2	太平溪至柳林溪段	7.0	6.0	5	是	端坊溪、百岁溪、兰陵溪	左岸较缓、右岸较陡，有少量人工库岸
3	柳林溪至九畹溪段	13.0	5.4	4	否		库岸整体较陡，有部分人工库岸
4	九畹溪至新滩段	18.4	7.3	6	是	九畹溪	库岸较陡，有部分人工库岸
5	新滩至香溪段	25.7	5.4	3	否		库岸较陡，有部分人工库岸
6	香溪至秭归站段	31.1	6.5	5	是	香溪河、童庄河	有部分人工库岸
7	秭归站至沙镇溪段	37.6	6.4	4	是	小溪河	库岸整体较缓，有少量人工库岸
8	沙镇溪至泄滩乡段	44.0	4.3	4	是	青干河、泄滩河	库岸整体较陡，有部分人工库岸
9	泄滩镇至谢家河段	48.3	6.8	5	否		有少量人工库岸
10	谢家河至骆驼河段	55.1	7.0	7	否		左岸较缓、右岸较陡，有自然库岸
11	骆驼河至巴东站段	62.1	4.7	4	否		右岸较陡，全部为自然库岸
12	巴东站至巴东县段	66.8	5.7	4	是	小河	有少量人工库岸
13	巴东县至官渡口段	72.5	5.7	4	是	沿渡河	坡度较陡，存在较多自然库岸，江面窄
14	官渡口至杨家棚段	78.2	4.0	2	是	纸厂沟	坡度较陡，存在较多自然库岸，江面窄
15	杨家棚至黄花口段	82.2	6.9	4	是	链子溪	坡度较陡，存在较多自然库岸，江面窄
16	黄花口至冷水碛段	89.1	4.7	4	是	福利溪	坡度较陡，存在较多自然库岸，江面窄
17	冷水碛至培石段	93.8	6.3	5	是	小溪河、骗鱼溪	坡度较缓，存在较多自然库岸，江面窄
18	培石至青岩子段	100.1	4.9	4	否		库岸较陡，有少量人工库岸
19	青岩子至青石段	105.0	3.3	3	是	抱龙河	坡度较陡，存在较多自然库岸，江面窄
20	青石至向家湾段	108.3	5.3	5	是	神女溪	坡度较陡，存在较多自然库岸，江面窄
21	向家湾至大青溪段	113.6	6.1	5	否		坡度较陡，存在较多自然库岸，江面窄
22	大青溪至巫山县段	119.7	4.6	4	是	大宁河	坡度较陡，存在较多自然库岸，江面窄

续表

基本库段序号	库段名称	断面距坝里程/km	基本库段长度/km	工作库段个数	是否有支流	支流名称	基本库段地貌特点
23	巫山县至上安坪段	124.3	3.6	3	否		存在较多自然库岸
24	上安坪至关上段	127.9	4.2	4	否		存在较多自然库岸，江面窄
25	关上至曲尺盘段	132.1	8.5	8	是		存在较多自然库岸
26	曲尺盘至大溪镇段	140.6	8.5	8	是		坡度较缓，存在较多自然库岸，江面窄
27	大溪镇至风箱峡段	149.1	4.1	3	是	大溪	坡度较缓，存在较多自然库岸，江面窄
28	风箱峡至夫庙沱段	153.2	5.1	4	否		坡度较缓，存在较多自然库岸，江面窄
29	关沱沱至奉节县段	158.3	3.9	3	是	草堂河	存在较多自然库岸
30	奉节县至口前段	162.2	6.1	5	是	梅溪河	坡度较缓，存在较多自然库岸
31	口前至三沱段	168.3	8.0	6	是		部分库岸较陡，有部分人工库岸
32	三沱至安坪段	176.3	5.9	4	否		全部为自然库岸
33	安坪至庙坪段	182.2	5.0	4	是	龙潭河、沟溪	库岸整体较陡，全部为自然库岸
34	庙坪至拖板段	187.2	5.9	5	否		左岸较陡，全部为自然库岸
35	拖板至罐子口段	193.1	4.8	4	否		左岸较陡，右岸较缓，全部为自然库岸
36	罐子口至故陵镇段	197.9	8.3	6	是		存在较多自然库岸，江面窄
37	故陵镇至东洋子段	206.2	6.6	5	是	长滩河	存在较多自然库岸，江面窄
38	东洋子至新津口段	212.8	5.9	4	否		坡度较缓，存在较多自然库岸，江面窄
39	新津口至云阳站段	218.7	5.0	4	是	磨刀溪	坡度较缓，存在较多自然库岸，江面窄
40	云阳站至山坝溪段	223.7	7.6	6	是	汤溪河	坡度较缓，存在较多自然库岸，江面窄
41	山坝溪至复兴场段	231.3	5.8	5	是	三坝溪	存在较多自然库岸，江面窄
42	复兴场至盘石段	237.1	6.7	5	否		存在较多自然库岸
43	盘石至双江镇段	243.8	4.6	4	是	丁家河	坡度较缓，存在较多自然库岸，江面窄
44	双江镇至白水滩段	248.4	5.7	5	是	小江、竹溪沟	坡度较缓，存在较多自然库岸，江面窄

续表

基本库段序号	库段名称	断面距坝里程/km	基本库段长度/km	工作库段个数	是否有支流	支流名称	基本库段地貌特点
45	白水滩至槽房院子段	254.1	4.6	4	否		存在较多自然库岸，江面窄
46	槽房院子至大周溪段	258.7	7.7	6	是	巴阳沟	库岸较缓，部分库岸陡，全部为自然库岸
47	大周溪至拖路口段	266.4	6.1	6	是		全部为自然库岸
48	拖路口至晒网坝段	272.5	3.8	3	否		库岸较缓，全部为自然库岸
49	晒网坝至万州区段	276.3	5.0	4	否		全部为自然库岸
50	万州区至沱口水尺段	281.3	7.0	6	是	苎溪河	库岸较缓，有部分人工库岸
51	沱口水尺至谭绍溪段	288.3	4.9	4	否		右岸部分库岸较缓，有大量人工库岸
52	谭绍溪至新开田段	293.2	4.1	3	否		库岸整体较缓，全部为自然库岸
53	新开田至冯家码头段	297.3	6.1	5	是	油沙河	全部为自然库岸
54	冯家码头至苎溪河溪段	303.4	2.4	2	否		库岸较缓，全部为自然库岸
55	杨河溪至瀼渡场段	305.8	4.1	3	否		库岸整体较缓，全部为自然库岸
56	瀼渡场至复兴场段	309.9	5.7	5	否		库岸较缓，全部为自然库岸
57	复兴场至武陵镇段	315.6	6.7	6	是		库岸较缓，全部为自然库岸
58	武陵镇至毛磊镇段	322.3	5.0	4	否		库岸较缓，全部为自然库岸
59	毛磊镇至石槽溪段	327.3	4.9	4	否		库岸较缓，全部为自然库岸
60	石槽溪至石宝寨段	332.2	6.1	6	否		全部为自然库岸
61	石宝寨至坪山坝段	338.3	3.8	3	是		库岸较缓，全部为自然库岸
62	坪山坝至内院嘴段	342.1	4.6	4	是	汝溪河	库岸较缓，全部为自然库岸
63	内院嘴至顺溪场段	346.7	4.0	3	否		库岸较缓，全部为自然库岸
64	顺溪场至复兴场段	350.7	7.6	5	是	双河	库岸较缓，全部为自然库岸
65	复兴场至陈家院子段	358.3	5.6	5	是		全部为自然库岸
66	陈家院子至忠县站段	363.9	6.4	4	是	戚家河	库岸较缓，全部为自然库岸

续表

基本库段序号	库段名称	断面距坝里程/km	基本库段长度/km	工作库段个数	是否有支流	支流名称	基本库段地貌特点
67	忠县站至曹溪河段	370.3	4.1	3	是	长滩河	有少量人工库岸
68	曹溪河至邓家沱段	374.4	4.0	3	是		库岸较缓、有少量人工库岸
69	邓家沱至新生段	378.4	6.0	5	是		左岸平缓、右岸有少量人工库岸
70	新生至野猫溪段	384.4	6.0	5	是		全部为自然库岸、有江心洲、库岸较缓
71	野猫溪至洋溪段	390.4	4.9	4	是		左岸较缓、右岸为自然库岸
72	洋渡至油溪口段	395.3	5.6	5	是		有少量人工库岸
73	油溪口至鲤鱼沱段	400.9	5.8	5	否		坡度较缓、存在较多自然库岸
74	鲤鱼沱至高家镇段	406.7	4.8	4	否		坡度较缓、存在较多自然库岸
75	高家镇至白板溪段	411.5	4.3	3	否		坡度较缓、存在较多自然库岸
76	白板至弥陀湾段	415.8	4.5	4	是	汝溪河	坡度较缓、存在较多自然库岸、江面窄
77	弥陀湾至朗溪段	420.3	4.2	4	是		坡度较缓、存在较多自然库岸、江面窄
78	朗溪至丰都县段	424.5	4.5	4	否		坡度较缓、存在较多自然库岸
79	丰都县至丰都站段	429	3.5	3	否		坡度较缓、存在较多自然库岸
80	丰都站至黄桶碑段	432.5	4.7	4	是	龙河	坡度较缓、存在较多自然库岸
81	黄桶碑至铧帽石段	437.2	5.5	5	否		坡度较缓、存在较多自然库岸、江面窄
82	铧帽石至白银段	442.7	3.5	3	否		坡度较缓、存在较多自然库岸、江面窄
83	白银坪至南沱场段	446.2	4.2	4	否		坡度较缓、存在较多自然库岸、江面窄
84	南沱场至盐汉溪段	450.4	4.2	3	否		存在较多自然库岸、江面窄
85	盐汉溪至珍溪段	454.6	2.9	2	否		全部为自然库岸
86	珍溪至羊西坝段	457.5	4.5	2	是	渠溪河	存在较多自然库岸
87	羊西坝至大沱铺段	462.4	4.9	5	否		河面较宽、有河心洲、存在较多自然库岸
88	大沱铺至清溪场段	471.2	8.8	5	否		存在人工库岸

续表

基本库段序号	库段名称	断面距坝里程/km	基本库段长度/km	工作库段个数	是否有支流	支流名称	基本库段地貌特点
89	清溪场至韩家沱段	475.2	4.0	5	否		基本为自然库岸，存在少量人工库岸
90	韩家沱至郭家嘴段	478.7	3.5	4	否		河面较窄，有部分人工库岸
91	郭家嘴至涪陵站站段	481.7	3.0	4	否		河面较窄，有较多人工库岸
92	涪陵站至鸣羊嘴段	484.1	2.4	2	是	乌江	河面较窄，基本为人工库岸
93	鸣羊嘴至碧小溪段	488.9	4.8	2	否		河面较窄，基本为人工库岸
94	碧小溪至碧渡镇段	492.2	3.3	3	否		河面较窄，基本为人工库岸
95	李渡镇至北拱段	496.4	4.2	5	否		河面较窄，库岸较陡，存在少量人工库岸
96	北拱至盐井沟段	501.1	4.7	5	否		河面较窄，库岸较陡，全部为自然库岸
97	盐井沟至令牌丘段	506.4	5.3	2	否		河面较窄，有部分人工库岸
98	令牌丘至石沱段	508.9	2.5	2	是	梨香溪	河面较窄，全部为自然库岸
99	石沱至周家院子段	513.4	4.5	7	否		全部为自然库岸
100	周家院子至瓦罐窑段	518.4	5.0	3	否		河面较窄，全部为自然库岸
101	瓦罐窑至长寿站段	521.4	3.0	4	否		河面较窄，全部为自然库岸
102	长寿县至长寿站段	525.1	3.7	4	否		存在人工库岸，江面窄
103	长寿站至唐家湾段	530.6	5.5	2	是	龙溪河、桃花溪	存在较多自然库岸，江面窄
104	唐家湾至芝麻坪段	533.9	3.3	4	否		存在较多自然库岸，江面窄
105	芝麻坪至杨家湾段	538.1	4.2	6	否		存在较多自然库岸，江面窄
106	杨家湾至婿家湾段	543.7	5.6	4	否		基本为自然库岸，江面窄
107	婿家湾至下刘家坪段	549.2	5.5	4	否		基本为自然库岸，江面窄
108	下刘家坪至中湾段	553.6	4.4	3	否		全部为自然库岸，江面宽
109	中湾至木洞段	557.7	4.1	4	是	御临河	全部为自然库岸
110	木洞至温家沱段	563.1	5.4	6	是	后河	存在人工库岸
111	温家沱至大塘坝段	568.3	5.2	3	否		全部为自然库岸

续表

基本库段序号	库段名称	断面距坝里程/km	基本库段长度/km	工作段个数	是否有支流	支流名称	基本库段地貌特点
112	大塘坝至弹子田段	573.9	5.7	3	是	朝阳溪	库岸较缓、有少量人工库岸
113	弹子田至广阳坝段	579.6	4.2	2	是	鱼溪河	库岸较缓、有少量人工库岸
114	广阳坝至郭家沱段	583.8	3.7	2	否		库岸较缓、有少量人工库岸
115	郭家沱至唐家沱段	587.5	2.1	1	否		左岸较陡、全部为自然库岸
116	唐家沱至生基塘段	589.6	3.9	3	是		库岸较缓、有少量人工库岸
117	生基塘至寸滩站段	593.5	3.2	2	否		库岸较缓、有少量人工库岸
118	寸滩站至嘉陵江口下段	596.7	5.1	4	是	双溪河	库岸平缓、有少量人工库岸
119	嘉陵江口下至重庆站段	601.8	1.9	1	是	嘉陵江	库岸较缓、有部分人工库岸
120	重庆站至风水寺段	603.7	2.9	2	否		库岸较缓、全部为人工库岸
121	风水寺至黄桷堡段	606.6	5.3	3	否		库岸平缓、有大量人工库岸
122	黄桷堡至葛家岩段	611.9	5.3	3	否		库岸平缓、有部分人工库岸
123	葛家岩至郭家坪段	617.2	3.1	2	否		库岸平缓、有少量人工库岸
124	郭家坪至大渡口站段	620.3	4.2	3	是		库岸平缓、有部分人工库岸
125	大渡口站至茄子溪段	624.5	4.1	2	否		库岸平缓、全部为自然库岸
126	茄子溪至贾家湾段	628.6	4.4	3	否		库岸平缓、有少量人工库岸
127	贾家湾至滩河湾段	633.0	5.4	3	是		库岸较缓、有少量人工库岸
128	滩河湾至学堂堡段	638.4	2.9	2	否		库岸较缓、有少量人工库岸
129	学堂堡至白沙沱站段	641.3	5.4	3	是		坡度较陡、存在较多自然库岸、江面窄
130	白沙沱站至猫儿峡站段	646.7	3.9	3	是	柑子溪	坡度较缓、存在较多自然库岸、江面窄
131	猫儿峡站至铜罐驿段	650.6	4	2	是		坡度较陡、存在较多自然库岸、江面窄
132	铜罐驿至中山坝段	654.6	3.8	2	否		坡度较缓、存在较多自然库岸、江面窄
133	中山坝至羊角滩段	658.4	4.5	3	否		坡度较缓、存在较多自然库岸、江面窄
134	羊角滩至花红堡段	662.9	4.1	2	否		坡度较缓、存在较多自然库岸、江面窄

表 7.4　三峡库区各县（区）支流库段

序号	名称	支流河口所属库段	支流流经县（区）	长度/km	基本库段数	工作库段数	备注
1	香溪河	6	秭归县、兴山县	39.0	15	34	部分库岸较陡，有少量人工库岸
2	大宁河	22	巫山县	53.6	16	42	库岸较陡，有少量人工库岸
3	梅溪河	30	奉节县	29.2	12	25	库岸较陡，有个别人工库岸
4	磨刀溪	39	云阳县	33.1	9	28	库岸较缓，有少量人工库岸
5	汤溪河	40	云阳县	35.7	11	28	库岸较缓，有少量人工库岸
6	小江	44	云阳县	48.9	12	42	库岸较缓，有少量人工库岸
7	龙河	80	丰都县	11.4	8	11	库岸较缓，有少量人工库岸
8	渠溪河	86	涪陵区、忠县	19.0	6	16	库岸较陡，有少量人工库岸，无人机航测
9	乌江	92	涪陵区、武隆区	44.8	8	33	库岸较陡，有少量人工库岸，无人机航测
10	御临河	109	长寿区、渝北区	21.2	6	13	有少量人工库岸
11	嘉陵江	119	江北区、北碚区、合川区	61.0	7	19	库岸较缓，有少量人工库岸

2. 高程分级

由于高程范围中的上边界高程线和下边界高程线难以运用数学公式准确描述，为方便确定和调查使用，在不影响调查精度和成果的前提下，本节将各基本库段断面上下边界高程表中高程点的连线作为近似多段线来描述上边界高程线和下边界高程线。

1）高程分级的原则

高程分级应满足信息要素统计和信息库建立的要求。在各干支流未进行分级前，各库段中的地块高程无法满足淹没影响本地信息库中信息要素的统计口径要求。在进行高程分级时，需要控制调查地块的单元大小使其相近，确保调查地块范围具有一致性。划分后的地块单元对应的信息要素在统计过程中应能满足信息要素统计的要求。

满足误差控制的要求。由 7.2.1 小节的内容分析可知，对于库区中的变动回水区，调查高程的高差范围较大，直接进行调查的话，调查精度低，采集的要素信息误差较大，在进行高程分级时，需要对不同高程的断面进行控制，减小调查误差，使其满足误差控制的要求。

2）高程分级的方法

在划分完基本库段后，对干支流两岸进行高程分级，分级方法为以该处土地线高程为起点，以一定高度为一级，逐级向上分级。上一级地块包含其下级地块范围，分级示意图如图 7.5 所示。

高程分级时先对各个断面高程进行划分，然后将该断面高程向上游沿水平方向延伸至上游相邻断面，延伸出来的水平线作为该库段的高程分级线。将某个基本库段内的起点距坝址的里程设为 x_1，终点距坝址的里程设为 x_2，调查下边界高程函数为 y_1，调查上边界高程函数为 y_2。将某个基本库段内的起点距坝里程设为 x_1，终点距坝里程设为 x_2，调查下边界高程函数为 y_1，调查上边界高程函数为 y_2。基本库段内 n 个工作库段面，每个工作断面距前一个断面 $l_i(i=1,2,\cdots,n)$，基本库段内的高程划分 m 个级别，每一个级别距下一个级别 $k_j(j=1,2,\cdots,m)$，划分步骤图如图 7.6、图 7.7 所示。

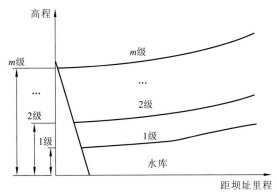

图 7.5　地块高程分级示意图

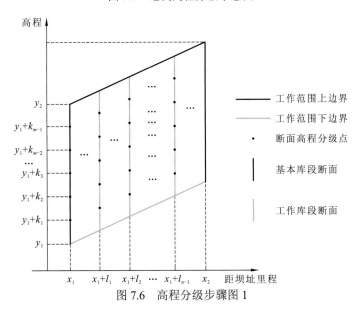

图 7.6　高程分级步骤图 1

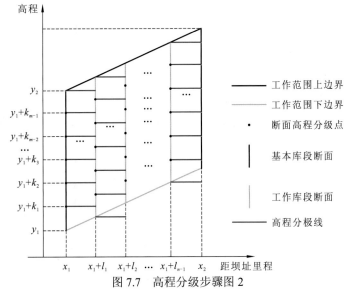

图 7.7　高程分级步骤图 2

3）高程级差的确定

高程分级旨在根据信息库数据分析不同运行水位对库区的淹没及相关影响情况，高程分级的结果不仅关系着现场调查工作量的多少，还直接关系着分析精度，所以高程级差的确定十分重要。级差过大，不同高程级的间距过疏，调查误差会增加，每个地块单元内所采集到的要素信息的数值准确度会降低，同时，过大的级差会减少所需分析的水位线级数，水面线数据分析的精度降低、误差增加，数据分析效果下降；级差过小，不同高程级的间距过密，调查工作量会明显增大，调查时长会明显增加，同时，由于船行波和风浪等，同一库段内的水面线在同一时间是非线性的，是在一定范围内波动的，过密的高程级反而会增大信息要素的统计误差，影响数据分析的精度。因此，有必要分析和确定高程分级的级差。高程分级的级差与误差及数据分析精度、高程分级的级差与工作量之间的关系如图 7.8、图 7.9 所示。

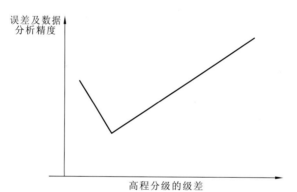

图 7.8　高程分级的级差与误差及数据分析精度之间的关系图

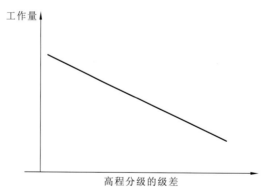

图 7.9　高程分级的级差与工作量之间的关系图

由图 7.8、图 7.9 可以看出，随着高程分级级差的增大，误差及数据分析精度先逐渐变小，然后逐渐增大，而工作量则呈现单调递减的趋势。误差及数据分析精度为控制性要素，当误差及数据分析精度取最小值时，可认为此时高程分级的级差取值较为合理，而误差及数据分析精度主要与三峡库区波浪有关，当高程分级的级差大于三峡库区波浪时，单个地块单元内的范围及内容会增加，会产生大量冗余的调查信息要素；当高程分级的级差小于三峡库区波浪时，单个地块单元内的范围及内容无法涵盖由船行波或风浪引起的水面波动而影响到的所有要素信息，而且调查出来的信息要素在进行统计分析时，会产生统计误差，所以高程分级的级差取三峡库区波浪引起的水面波动范围，较为合理。

风力和行船是三峡库区波浪的主要成因，由于三峡水库水域具有宽窄相间、水深大、风速较小、大风历时短、岸坡特性多样化等特点，对三峡水库风浪的规律性认识较为有限。根据《水利水电工程建设征地移民安置规划设计规范》（SL 290—2009）计算的风浪安全计算值和船行波波浪爬高值均小于 0.5 m，因此人工调查部分的高程分级方法为，以各库段断面土地线高程为起点，以 0.5 m 为一级，逐级向上分级。然后，将该断面高程向上游水平延伸至相邻断面，延伸出来的水平线作为该库段的高程分级线。

对于三峡水库变动回水区，调查的高程范围较大，内容较多，且要素信息较为复杂，人工调查难度较大，针对变动回水区中的大部分库段（盐汉溪至温家沱段），采用无人机航测手段进行信息要素搜集。鉴于无人机航测精度更高，且航测成本随航测精度变化不大，同时为与人工调查数据衔接，能够统一筛查和统计，无人机航测部分按照 0.25 m 一级进行分级，分级步骤与人工调查部分的高程分级方法相同。

4）分级结果

对于三峡水库的 134 个基本库段，1～85 基本库段按照 0.5 m 进行分级，86～112 基本库段按照 0.25 m 进行分级，113～134 基本库段按照 0.5 m 进行分级，划分级数为 4～34 级，级数分布呈中间大、两头小的趋势。其中，平水段均分级为 4 级，变动回水区分级为 7～34 级，级数在该区段内先随库段序号的变大逐渐增大，库段序号达到 106 时，级数达到最大值 34 级，之后级数基本保持在 32～33 级，当库段序号达到 113 时，级数回落至 27 级，当库段序号达到 117 时，级数再次增至 30 级。之后级数随库段序号的变大迅速回落，级数回落库段为 117～119，回落后级数稳定在 7～8 级，级数稳定段为 119～134。各个基本库段的分级结果如表 7.5 所示。

表 7.5　三峡水库各基本库段分级情况

基本库段序号	库段名称	距坝里程/km	基本库段长度/km	地块下边界高程（土地线）/m	划分级数	每级划分级差/m	地块上边界高程/m
1	坝址至太平溪段	0	7	175.0	4	0.5	177.0
2	太平溪至柳林溪段	7	6	175.0	4	0.5	177.0
3	柳林溪至九湾溪段	13	5.4	175.0	4	0.5	177.0
4	九湾溪至新滩段	18.4	7.3	175.0	4	0.5	177.0
5	新滩至香溪段	25.7	5.4	175.0	4	0.5	177.0
6	香溪至秭归站段	31.1	6.5	175.0	4	0.5	177.0
7	秭归站至沙镇溪段	37.6	6.4	175.0	4	0.5	177.0
8	沙镇溪至泄滩镇段	44	4.3	175.0	4	0.5	177.0
9	泄滩镇至谢家段	48.3	6.8	175.0	4	0.5	177.0
10	谢家河至骆驼段	55.1	7	175.0	4	0.5	177.0

基本库段序号	库段名称	距坝里程/km	基本库段长度/km	地块下边界高程（土地线）/m	划分级数	每级划分级差/m	地块上边界高程/m
11	骆驼河至巴东二站段	62.1	4.7	175.0	4	0.5	177.0
12	巴东二站至巴东县段	66.8	5.7	175.0	4	0.5	177.0
13	巴东县至官渡口段	72.5	5.7	175.0	4	0.5	177.0
14	官渡口至杨家棚段	78.2	4	175.0	4	0.5	177.0
15	杨家棚至黄花口段	82.2	6.9	175.0	4	0.5	177.0
16	黄花口至冷水碛段	89.1	4.7	175.0	4	0.5	177.0
17	冷水碛至培石段	93.8	6.3	175.0	4	0.5	177.0
18	培石至青岩子段	100.1	4.9	175.0	4	0.5	177.0
19	青岩子至青石段	105	3.3	175.0	4	0.5	177.0
20	青石至向家湾段	108.3	5.3	175.0	4	0.5	177.0
21	向家湾至大青溪段	113.6	6.1	175.0	4	0.5	177.0
22	大青溪至巫山县段	119.7	4.6	175.0	4	0.5	177.0
23	巫山县至上安坪段	124.3	3.6	175.1	4	0.5	177.0
24	上安坪至关上段	127.9	4.2	175.1	4	0.5	177.0
25	关上至曲尺盘段	132.1	8.5	175.1	4	0.5	177.0
26	曲尺盘至大溪镇段	140.6	8.5	175.1	4	0.5	177.0
27	大溪镇至风箱峡段	149.1	4.1	175.1	4	0.5	177.0
28	风箱峡至关庙沱段	153.2	5.1	175.1	4	0.5	177.0
29	关庙沱至奉节县段	158.3	3.9	175.1	4	0.5	177.0
30	奉节县至口前段	162.2	6.1	175.1	4	0.5	177.0
31	口前至三沱段	168.3	8	175.1	4	0.5	177.0
32	三沱至安坪段	176.3	5.9	175.1	4	0.5	177.0
33	安坪至庙坪段	182.2	5	175.1	4	0.5	177.0
34	庙坪至拖板段	187.2	5.9	175.1	4	0.5	177.0
35	拖板至罐子口段	193.1	4.8	175.1	4	0.5	177.0
36	罐子口至故陵镇段	197.9	8.3	175.1	4	0.5	177.0
37	故陵镇至东洋子段	206.2	6.6	175.1	4	0.5	177.0
38	东洋子至新津口段	212.8	5.9	175.1	4	0.5	177.0
39	新津口至云阳站段	218.7	5	175.1	4	0.5	177.0
40	云阳站至山坝溪段	223.7	7.6	175.1	4	0.5	177.0

续表

基本库段序号	库段名称	距坝里程/km	基本库段长度/km	地块下边界高程（土地线）/m	划分级数	每级划分级差/m	地块上边界高程/m
41	山坝溪至复兴场段	231.3	5.8	175.1	4	0.5	177.0
42	复兴场至盘石段	237.1	6.7	175.1	4	0.5	177.0
43	盘石至双江镇段	243.8	4.6	175.1	4	0.5	177.0
44	双江镇至白水滩段	248.4	5.7	175.1	4	0.5	177.0
45	白水滩至糟房院子段	254.1	4.6	175.1	4	0.5	177.0
46	糟房院子至大周溪段	258.7	7.7	175.1	4	0.5	177.0
47	大周溪至拖路口段	266.4	6.1	175.1	4	0.5	177.0
48	拖路口至晒网坝段	272.5	3.8	175.1	4	0.5	177.0
49	晒网坝至万州区段	276.3	5	175.1	4	0.5	177.0
50	万州区至沱口水尺段	281.3	7	175.1	4	0.5	177.0
51	沱口水尺至潭绍溪段	288.3	4.9	175.1	4	0.5	177.0
52	潭绍溪至新开田段	293.2	4.1	175.1	4	0.5	177.0
53	新开田至冯家码头段	297.3	6.1	175.1	4	0.5	177.0
54	冯家码头至杨河溪段	303.4	2.4	175.1	4	0.5	177.0
55	杨河溪至壤渡场段	305.8	4.1	175.1	4	0.5	177.0
56	壤渡场至复兴场段	309.9	5.7	175.1	4	0.5	177.0
57	复兴场至武陵镇段	315.6	6.7	175.1	4	0.5	177.0
58	武陵镇至毛磊镇段	322.3	5	175.1	4	0.5	177.0
59	毛磊镇至石槽溪段	327.3	4.9	175.1	4	0.5	177.0
60	石槽溪至石宝寨段	332.2	6.1	175.1	4	0.5	177.0
61	石宝寨至坪山坝段	338.3	3.8	175.1	4	0.5	177.0
62	坪山坝至内院嘴段	342.1	4.6	175.1	4	0.5	177.0
63	内院嘴至顺溪场段	346.7	4	175.1	4	0.5	177.0
64	顺溪场至复兴场段	350.7	7.6	175.1	4	0.5	177.0
65	复兴场至陈家院子段	358.3	5.6	175.1	4	0.5	177.0
66	陈家院子至忠县站段	363.9	6.4	175.1	4	0.5	177.0
67	忠县站至曹溪段	370.3	4.1	175.1	4	0.5	177.0
68	曹溪河至邓家沱段	374.4	4	175.1	4	0.5	177.0
69	邓家沱至新生段	378.4	6	175.1	4	0.5	177.0
70	新生至野猫溪段	384.4	6	175.1	4	0.5	177.0

基本库段序号	库段名称	距坝里程/km	基本库段长度/km	地块下边界高程（土地线）/m	划分级数	每级划分级差/m	地块上边界高程/m
71	野猫溪至洋渡段	390.4	4.9	175.1	4	0.5	177.0
72	洋渡至浊溪口段	395.3	5.6	175.1	4	0.5	177.0
73	浊溪口至鲤鱼沱段	400.9	5.8	175.1	4	0.5	177.0
74	鲤鱼沱至高家镇段	406.7	4.8	175.1	4	0.5	177.0
75	高家镇至白板溪段	411.5	4.3	175.1	4	0.5	177.0
76	白板溪至弥陀湾段	415.8	4.5	175.1	4	0.5	177.0
77	弥陀湾至朗溪段	420.3	4.2	175.1	4	0.5	177.0
78	朗溪至丰都县段	424.5	4.5	175.1	4	0.5	177.0
79	丰都县至丰都站段	429	3.5	175.1	4	0.5	177.0
80	丰都站至黄桶碑段	432.5	4.7	175.1	4	0.5	177.0
81	黄桶碑至毡帽石段	437.2	5.5	175.1	4	0.5	177.0
82	毡帽石至白银坪段	442.7	3.5	175.1	4	0.5	177.0
83	白银坪至南沱场段	446.2	4.2	175.1	4	0.5	177.0
84	南沱场至盐汉溪段	450.4	4.2	175.1	4	0.5	177.0
85	盐汉溪至珍溪段	454.6	2.9	175.2	4	0.5	177.0
86	珍溪至羊西坝段	457.5	4.5	175.2	7	0.25	177.0
87	羊西坝至大沱铺段	462.4	4.9	175.2	7	0.25	177.0
88	大沱铺至清溪场段	471.2	8.8	175.2	7	0.25	177.0
89	清溪场至韩家沱段	475.2	4	175.2	7	0.25	177.0
90	韩家沱至郭家嘴段	478.7	3.5	175.2	7	0.25	177.0
91	郭家嘴至涪陵站	481.7	3	175.2	7	0.25	177.0
92	涪陵站至鸣羊嘴段	484.1	2.4	175.3	7	0.25	177.0
93	鸣羊嘴至碧筱溪段	488.9	4.8	175.3	9	0.25	177.5
94	碧筱溪至李渡镇段	492.2	3.3	175.3	11	0.25	178.0
95	李渡镇至北拱段	496.4	4.2	175.4	12	0.25	178.5
96	北拱至盐井沟段	501.1	4.7	175.4	12	0.25	178.5
97	盐井沟至令牌丘段	506.4	5.3	175.4	15	0.25	179.1
98	令牌丘至石沱段	508.9	2.5	175.5	14	0.25	179.1
99	石沱至周家院子段	513.4	4.5	175.5	18	0.25	180.1
100	周家院子至瓦罐窑段	518.4	5	175.5	21	0.25	180.7

续表

基本库段序号	库段名称	距坝里程/km	基本库段长度/km	地块下边界高程（土地线）/m	划分级数	每级划分级差/m	地块上边界高程/m
101	瓦罐窑至长寿区段	521.4	3	175.5	24	0.25	181.5
102	长寿区至长寿站段	525.1	3.7	175.6	26	0.25	182.1
103	长寿站至唐家湾段	530.6	5.5	175.7	27	0.25	182.5
104	唐家湾至芝麻坪段	533.9	3.3	175.7	29	0.25	183.0
105	芝麻坪至杨家湾段	538.1	4.2	175.8	32	0.25	183.8
106	杨家湾至婿家湾段	543.7	5.6	176.1	34	0.25	184.6
107	婿家湾至下刘家坪段	549.2	5.5	176.8	33	0.25	185.1
108	下刘家坪至中湾段	553.6	4.4	177.6	33	0.25	185.9
109	中湾至木洞段	557.7	4.1	178.4	33	0.25	186.6
110	木洞至温家沱段	563.1	5.4	179.3	32	0.25	187.4
111	温家沱至大塘坝段	568.3	5.2	180.0	33	0.25	188.1
112	大塘坝至弹子田段	573.9	5.7	180.7	33	0.25	188.9
113	弹子田至广阳坝段	579.6	4.2	176.5	27	0.5	190.0
114	广阳坝至郭家沱段	583.8	3.7	176.6	28	0.5	190.5
115	郭家沱至唐家沱段	587.5	2.1	176.8	29	0.5	191.3
116	唐家沱至生基塘段	589.6	3.9	176.8	29	0.5	191.3
117	生基塘至寸滩站段	593.5	3.2	176.9	30	0.5	192.0
118	寸滩站至嘉陵江口下段	596.7	5.1	177.1	13	0.5	183.7
119	嘉陵江口下至重庆站段	601.8	1.9	177.2	8	0.5	180.9
120	重庆站至风水寺段	603.7	2.9	177.2	7	0.5	180.5
121	风水寺至黄桶堡段	606.6	5.3	177.4	7	0.5	180.7
122	黄桶堡至葛家岩段	611.9	5.3	177.8	7	0.5	181.2
123	葛家岩至郭家坪段	617.2	3.1	178.2	7	0.5	181.7
124	郭家坪至大渡口站段	620.3	4.2	178.4	7	0.5	181.9
125	大渡口站至茄子溪段	624.5	4.1	178.7	7	0.5	182.3
126	茄子溪至贾家湾段	628.6	4.4	179.0	7	0.5	182.6
127	贾家湾至滩河湾段	633	5.4	179.3	7	0.5	183.0
128	滩河湾至学堂堡段	638.4	2.9	180.2	8	0.5	184.0
129	学堂堡至白沙沱站段*	641.3	5.4	180.9	7	0.5	184.4
130	白沙沱站至猫儿峡站段*	646.7	3.9	181.6	8	0.5	185.4

*此处的白沙沱站为三峡工程论证阶段水库回水计算所采用的白沙沱水位站河道断面。

基本库段序号	库段名称	距坝里程/km	基本库段长度/km	地块下边界高程（土地线）/m	划分级数	每级划分级差/m	地块上边界高程/m
131	猫儿峡站至铜罐驿段	650.6	4	181.8	8	0.5	185.7
132	铜罐驿至中山坝段	654.6	3.8	182.1	8	0.5	185.9
133	中山坝至羊角滩段	658.4	4.5	183.3	7	0.5	186.8
134	羊角滩至花红堡段	662.9	4.1	184.7	7	0.5	188.0

3. 地块单元

通过库段划分和高程分级，将三峡库区工作范围内的各个干支流沿轴向和径向进行科学、有序地分解。分解完成后的最小区块称为地块单元，工作范围内所有地块单元的集合称为单元网格系统。分解完成后的地块单元具有以下特点。

（1）地块单元为狭长条形，长度为 1～2 km，高度为 0.25～12.2 m，宽度不定，当地貌平缓时，宽度较大，当地貌陡峭时，宽度较小。

（2）平水段地块单元的分布较为均匀，变化不大，每个库段分级为 4 级，每级级差为 0.5 m。变动回水区地块单元分布不均，变化较大，该区段调查的上下边界高程差随着库段序号的变大逐渐增大，每级级差为 0.25 m，每个库段分级为 7～34 级，级数在该区段内随库段序号的变大逐渐增大，至 106 基本库段时，级数达到最大值 34 级，随后小幅回落。库尾地块单元的分布总体上较为均匀，该区段调查的上下边界高程差随着库段序号的变大，先迅速回落，然后基本稳定在 3.3～43.9 m，回落后级数稳定在 7～8 级，每级级差为 0.5 m。

（3）各支流地块单元的分布总体上较为均匀，平水段和库尾支流的高程级差为 0.5 m，变动回水区为 0.25 m。

（4）三峡库区中地块单元（含无人机航测范围）共计 14 252 个，其中干流 7 424 个，支流 6 828 个。

7.2.3　信息采集

1. 地块编码

为保证对全部地块单元及其信息要素的统一管理，同时方便在信息库进行数据地址查询，需要对地块单元进行编码。

1）地块单元代码编制逻辑关系

根据所划分的地块单元的空间网格生成关系，为了便于建库运行，地块单元以干流基本库段—工作库段—库汊，继而支流基本库段—工作库段—支流河汊，以及各段的左右岸和所属县（区）—地块高程带的序列编写代码。根据代码编制逻辑，形成逻辑框图，见图 7.10。

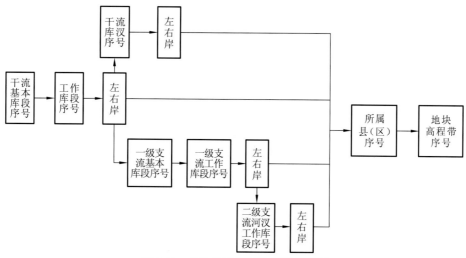

图 7.10　地块单元代码编制逻辑框图

2）地块单元代码编写

地块单元代码是该地块所在库区的区位体系中的逻辑关系序列，由每一个序列的序号组成一串数字，每一个地块单元需要根据该逻辑关系编写出对应的地块单元代码。现以三峡库区中巫山县官渡河为例，具体描述代码编写过程。

巫山县官渡河属于长江流域、汉水水系，主要流经重庆市巫山县官渡镇，河口位于第 20 个基本库段中的第 2 个工作库段，河全长 124 km，流域面积为 2 494 km^2，根据 2008年确定的屏障区范围，本次确定的河道中心线长度为 7.45 km。官渡河流域范围从河口向支流上游平移 50 m 开始，至 2008 年确定的屏障区范围边界结束。其确定的岸线上下边界高程与支流河口对应的干流岸线上下边界高程一致，按照沿着河道中心线每 1~2 km 划分一个工作库段的规则，官渡河划分了 6 个工作库段。根据平水段高程划分规则，从地块下边界高程（土地线高程）开始从下往上，按照 0.5 m 一级进行划分，共划分出 175~175.5 m、175~176 m、175~176.5 m、175~177 m 四个高程级。

在划分出地块单元之后，根据编码规则进行地块单元编码。

（1）调查区的代码编号：官渡河所划分地块单元为淹没区，编码序列号①的数字为 1。

（2）干流基本库段代码编号：干流划分基本库段后，可明确官渡河河口所在的基本库段为第 20 个，编码序列号②、③、④的数字为 0、2、0。

（3）干流工作库段代码编号：干流划分工作库段后，可明确官渡河河口所在的工作库段为该基本库段中的第 2 个，且在右岸，编码序列号⑤、⑥、⑦的数字为 0、2、2。

（4）干流库汊代码编号：官渡河河口所在干流工作库段中不存在库汊，编码序列号⑧、⑨、⑩的数字为 0、0、0。

（5）一级支流的代码编号：官渡河为河口所在干流工作库段中唯一一级支流，编码序列号⑪、⑫的数字为 0、1。

（6）一级支流库段代码编号：官渡河未做回水计算，将整个官渡河划分为一个基本库段，编码序列号⑬、⑭的数字为 0、1。

（7）一级支流工作库段代码编号：经库段划分后，官渡河划分了6个工作库段，每一个工作库段区分左右岸。编码序列号⑮、⑯、⑰的数字分别为0、1，1，0、1，2，0、2，1，0、2，2，0、3，1，0、3，2，0、4，1，0、4，2，0、5，1，0、5，2，0、6，1，0、6，2。

（8）支汊代码编号：官渡河并未有支流汇入，编码序列号⑱、⑲、⑳、㉑、㉒的数字分别为0、0、0、0、0。

（9）地块所属县（区）代码编号：官渡河河口所在干流工作库段为巫山县，巫山县的代码编号为15，编码序列号㉓、㉔的数字为1、5。

（10）地块高程带代码编号：经库段高程分级后，官渡河高程被划分为四个高程级，编码序列号㉕、㉖的数字分别为0、1，0、2，0、3，0、4。

2. 要素信息

根据《水利水电工程建设征地移民安置规划设计规范》（SL 290—2009）、《水电工程建设征地移民安置规划设计规范》（NB/T 10876—2021）、《水利水电工程建设征地移民实物调查规范》（SL 442—2009）等相关规范，以淹没实物指标体系为基础，根据历年蓄水淹没情况，参考水库岸线特点，经综合考虑、系统分析后，确认三峡水库淹没影响本底信息库11大类要素信息，包括直接淹没要素信息和淹没影响要素信息共计133个小类，其中直接淹没要素信息包括5个大类55个小类。

与实物指标调查信息相比，本套要素信息侧重于对淹没影响区的调查，加强对淹没影响区中滑坡体、变形体、崩塌体及其上部附着的农村居住区、城镇居住区、提取水工程、排水工程等的调查，侧重于对涉水建筑物，如港口、码头、提取水工程、排水工程等设施，特别是相关高程的调查，减少对人口、工商业、宗教、古迹等具体信息的调查。

具体信息包括：基本综合地理信息，基本地理信息要素，土地类型信息，房屋类型要素信息，公共设施信息，岸线稳定性要素，农村和城镇居住安全与居住环境影响要素，受排水闸、排水站渍涝影响的相关要素，提取水工程受淹产生的相关影响要素，地块浸没区影响要素和不同运行水位对过河建筑物的影响调查。

3. 信息获取

信息采集方式为两种，分别是人工调查和无人机调查。人工调查先以数字地形图为基础进行内业图纸量算填表，再进行外业复核、补充调查。这种工作方式相对简单，过程易于控制，成本较低；但受库周地理和交通限制较大，少数库段由于没有人迹活动，无法到达库岸附近。无人机调查主要通过无人机航测结合图像解译来实现。其能够直观了解库周最新的状况并精准采集到要素信息，可直接在采集成果的基础上进行复核工作；但工作效率较低，对技术要求高，人力、物力消耗巨大，适用于现场较为复杂、涉及的敏感信息较多和地理跨度较小的情况。

1）人工调查

三峡水库人工调查范围主要是坝前平水段和库尾，坝前平水段为从坝址至盐溪溪，库尾为从郭家沱至花红堡。人工调查包括内业图纸量算填表和外业调查两个阶段。图纸量算填表基于库区 1∶2 000 数字地形图和奥维数字影像开展，在库区原有的 2008 年 1∶2 000 数字地形图上，确定调查高程范围、基本断面和工作断面位置，并按地块高程分级情况使用 CASS、鸿业等软件进行等高线加密，得到有编码的地块网格信息的数字地形图。然后针对要素信息中的数据需求，以每一个地块单元为信息要素采集的基本单元，对比数字地形图和奥维数字影像，分析、量测、提取、统计对应数据。数据的量测和提取工作根据图面复杂程度，分别采用 CAD 直接量测和 SuperMap 图元拓扑分析提取两种方式。外业调查以县（区）为单元制订现场复核调查计划，分小组赴现场对每一个工作库段的地块要素信息表格数据进行复核、修正，同时现场拍摄库周照片（图 7.11），撰写调查日志。外业调查采取的这种工作方式不同于实物指标调查，不是对库段范围内要素信息的逐一精准量取，而主要是对要素信息进行时效性核查订正。

图 7.11　调查、复核岸线情况

2）无人机调查

无人机调查的对象主要是水库变动回水区两岸敏感区域上下高程之间的干流、干流附属部分支汊及附属部分支流，干流河道中心线长约 120 km，从盐汉溪至郭家沱，共涉及 27 个水文断面。在进行无人机遥感航测之后，采用现场复核的方式对遥感航测结果进行比对、互验、互检，对无人机遥感解译后的结果调整后收录至信息库。

7.3　三峡水库分类要素信息数据

7.3.1　常年回水区

常年回水区（坝址至盐汉溪段）共涉及 84 个基本库段，河道中心线总长度为 1 250.29 km，其中长江干流中心线总长度为 528.13 km，支流中心线总长度为 722.16 km。调查地块总面积为 17.00 km^2，其中干流地块总面积为 7.04 km^2，支流地块总面积为 9.96 km^2。调查涉及岸线总长度为 3 624.15 km，其中干流岸线总长度为 1 564.70 km，支流岸线总长度为 2 059.45 km。每个库段高程分级后形成 4 个地块单元，其中最容易受影响的第一级地块总面积约为 4.07 km^2，涉及干流地块总面积约 1.77 km^2，支流地块总面积约 2.30 km^2。

1. 基本综合地理信息

地块下边界长度为 3 554.66 km，其中干流长 1 548.49 km，支流长 2 006.17 km。最高级地块上边界总长度为 3 624.15 km，其中干流长 1 564.70 km，支流长 2 059.45 km，具体见表 7.6。地块下边界高程范围为 175.0～175.1 m，最高级地块上边界高程为 177.0～177.1 m。

表 7.6　常年回水区基本综合地理信息汇总

干支流	地块级	地块下边界长度/km	地块上边界长度/km	河道中心线长度/km	地块面积/（万 m²）
干流	1	1 548.49	1 548.65	528.13	176.95
	2	1 548.49	1 550.98	528.13	349.11
	3	1 548.49	1 554.65	528.13	523.04
	4	1 548.49	1 564.70	528.13	704.12
支流	1	2 006.17	2 007.74	722.16	229.66
	2	2 006.17	2 019.09	722.16	463.73
	3	2 006.17	2 031.78	722.16	713.12
	4	2 006.17	2 059.45	722.16	995.95

2. 基本地理信息要素

最高级地块库岸总长度为 3 624.15 km，其中干流岸线总长度为 1 564.70 km，支流岸线总长度为 2 059.45 km。库岸以自然库岸为主，人工库岸总长度为 187.74 km，占 5.18%，其中干流中人工库岸长 114.71 km，支流中人工库岸长 73.03 km。人工库岸的形式主要有垂直挡墙、格栅护坡和堆石岸坡等。自然库岸总长度为 3 436.41 km，占库岸总长度的 94.82%，其中土质库岸长 852.36 km，干流土质库岸长 441.27 km，支流土质库岸长 411.09 km，岩质库岸长 2 584.05 km，其中干流岩质库岸长 1 008.72 km，支流岩质库岸长 1 575.33 km，具体见表 7.7。

表 7.7　平水段基本地理信息要素汇总

干支流	地块级	按自然与人工分类		自然库岸按岩土性质分类	
		人工库岸/km	自然库岸/km	土质库岸/km	岩质库岸/km
干流	1	111.12	1 437.53	437.79	999.74
	2	111.03	1 439.95	438.89	1 001.06
	3	111.67	1 442.98	440.34	1 002.64
	4	114.71	1 449.99	441.27	1 008.72
支流	1	72.11	1 935.63	395.69	1 539.94
	2	72.33	1 946.76	401.21	1 545.55
	3	72.68	1 959.10	405.45	1 553.65
	4	73.03	1 986.42	411.09	1 575.33

3. 土地类型信息

最高级地块总面积为 1 700.06 万 m^2，其中涉及干流地块总面积 704.12 万 m^2，支流地块总面积 995.94 万 m^2，以农用地、林地和裸荒地为主，占比分别为 6.55%、38.19%、50.62%。农用地总面积为 111.30 万 m^2，其中干流为 43.20 万 m^2，支流为 68.10 万 m^2。其他农用地总面积为 0.35 万 m^2，其中干流为 0.02 万 m^2，支流为 0.33 万 m^2。林地总面积为 649.28 万 m^2，其中干流为 288.04 万 m^2，支流为 361.24 万 m^2。风景用地总面积为 0.40 万 m^2，主要集中在第 50 个基本库段的干流上。建筑、工业用地总面积为 48.14 万 m^2，其中干流为 34.09 万 m^2，支流为 14.05 万 m^2。港口用地总面积为 5.37 万 m^2，其中干流为 3.97 万 m^2，支流为 1.40 万 m^2。广场、道路用地总面积为 24.66 万 m^2，其中干流为 10.10 万 m^2，支流为 14.56 万 m^2。裸荒地总面积为 860.56 万 m^2，其中干流为 324.30 万 m^2，支流为 536.26 万 m^2。

最容易受淹没影响的第一级地块总面积为 406.61 万 m^2，其中干流地块总面积为 176.95 万 m^2，支流地块总面积为 229.66 万 m^2。土地以农用地、林地、裸荒地为主，占比分别为 6.59%、38.79%、48.87%。农用地总面积为 26.79 万 m^2，其中干流为 10.77 万 m^2，支流为 16.02 万 m^2。其他农用地总面积为 0.03 万 m^2，干流为 0.01 万 m^2，在第 74 个基本库段和第 75 个基本库段上，支流为 0.02 万 m^2，主要集中在第 14 个基本库段支流上。林地总面积为 157.73 万 m^2，其中干流为 71.53 万 m^2，支流为 86.20 万 m^2。风景用地总面积为 0.1 万 m^2，全部位于干流。建筑、工业用地总面积为 16.06 万 m^2，其中干流为 11.71 万 m^2，支流为 4.35 万 m^2。港口用地总面积为 1.25 万 m^2，其中干流为 0.88 万 m^2，支流为 0.37 万 m^2。广场、道路用地总面积为 5.92 万 m^2，其中干流为 2.41 万 m^2，支流为 3.51 万 m^2。裸荒地总面积为 198.73 万 m^2，其中干流为 79.54 万 m^2，支流为 119.19 万 m^2，具体见表 7.8。

表 7.8　平水段土地类型信息汇总

干支流	地块级	农用地/(万 m^2)	其他农用地/(万 m^2)	林地/(万 m^2)	风景用地/(万 m^2)	建筑、工业用地/(万 m^2)	港口用地/(万 m^2)	广场、道路用地/(万 m^2)	裸荒地/(万 m^2)
干流	1	10.77	0.01	71.53	0.1	11.71	0.88	2.41	79.54
	2	21.42	0.01	143.38	0.2	18.14	1.69	4.91	159.35
	3	32.28	0.02	215.51	0.3	24.60	2.48	7.45	240.40
	4	43.20	0.02	288.04	0.4	34.09	3.97	10.10	324.30
支流	1	16.02	0.02	86.20	0	4.35	0.37	3.51	119.19
	2	32.28	0.04	173.73	0	7.32	0.66	7.10	242.59
	3	49.19	0.05	263.43	0	10.20	0.95	10.90	378.40
	4	68.10	0.33	361.24	0	14.05	1.40	14.56	536.26

4. 房屋类型要素信息

经统计，常年回水区中无房屋类型相关要素信息。

5. 公共设施信息

最高级地块上无房屋建设用地面积信息。道路总面积为 22.32 万 m², 其中干流上道路面积为 8.84 万 m², 支流上道路面积为 13.48 万 m²。

最容易受淹没影响的第一级地块上尚无房屋建设用地面积信息。道路总面积为 5.33 万 m², 其中干流上道路面积为 2.07 万 m², 支流上道路面积为 3.26 万 m², 具体见表 7.9。

表 7.9　平水段公共设施信息汇总

干支流	地块级	房屋建设用地/（万 m²）	道路面积/（万 m²）
干流	1	0	2.07
	2	0	4.26
	3	0	6.49
	4	0	8.84
支流	1	0	3.26
	2	0	6.59
	3	0	10.11
	4	0	13.48

7.3.2　变动回水区

变动回水区（盐汉溪至郭家沱段）共涉及 30 个基本库段。河道中心线总长度为 209.42 km, 调查地块总面积为 1 429.23 万 m², 调查涉及岸线总长度为 603.98 km, 其中干流岸线总长度为 402.51 km, 支流岸线总长度为 201.47 km, 容易受影响的第一级地块的总面积为 56.24 万 m², 第一级地块岸线总长度为 579.71 km, 其中干流岸线总长度为 391.94 km, 支流岸线总长度为 187.77 km。

1. 基本综合地理信息

地块下边界长度为 558.01 km, 其中干流为 386.64 km, 支流为 171.37 km。最高级地块上边界总长度为 603.98 km, 其中干流为 402.51 km, 支流为 201.47 km, 具体见表 7.10。地块下边界高程为 175.2～180.7 m, 最高级地块上边界高程为 177～190.5 m。

表 7.10　变动回水区基本综合地理信息汇总

干支	地块级	地块下边界长度/km	地块上边界长度/km	河道中心线长度/km	地块面积/（万 m²）
干流	1	386.64	391.94	136.85	32.45
	最高级	386.64	402.51	136.85	844.40
支流	1	171.37	187.77	72.57	23.79
	最高级	171.37	201.47	72.57	584.83

2. 基本地理信息要素

最高级地块库岸总长度为 603.98 km，其中干流岸线总长度为 402.51 km，支流岸线总长度为 201.47 km。库岸以自然库岸为主，人工库岸总长度为 51.74 km，占 8.57%，其中干流中人工库岸长 10.38 km，支流中人工库岸长 41.36 km。人工库岸的形式主要有垂直挡墙和格栅护坡等。自然库岸总长度为 552.24 km，占库岸总长度的 91.43%，其中土质库岸长 452.33 km，干流土质库岸长 332.07 km，支流土质库岸长 120.26 km，岩质库岸长 99.91 km，其中干流岩质库岸长 60.06 km，支流岩质库岸长 39.85 km，具体见表 7.11。

表 7.11　变动回水区基本地理信息要素汇总

干支流	地块级	按自然与人工分类		自然库岸按岩土性质分类	
		人工库岸/km	自然库岸/km	土质库岸/km	岩质库岸/km
干流	1	11.47	380.46	324.07	56.39
	最高级	10.38	392.13	332.07	60.06
支流	1	32.15	155.62	121.35	34.27
	最高级	41.36	160.11	120.26	39.85

3. 土地类型信息

最高级地块总面积为 1 429.22 万 m^2，其中涉及干流地块总面积 844.40 万 m^2，支流地块总面积 584.82 万 m^2，以农用地，林地，建筑、工业用地和裸荒地为主，占比分别为 8.69%、33.80%、10.43%、38.96%。农用地总面积为 124.27 万 m^2，其中干流为 107.25 万 m^2，支流为 17.02 万 m^2。林地总面积为 483.03 万 m^2，其中干流为 344.93 万 m^2，支流为 138.10 万 m^2。风景用地总面积为 76.27 万 m^2，其中干流为 34.35 万 m^2，支流为 41.92 万 m^2。建筑、工业用地总面积为 149.01 万 m^2，其中干流为 39.22 万 m^2，支流为 109.79 万 m^2。港口用地总面积为 2.54 万 m^2，其中干流为 2.54 万 m^2，支流为 0.00。广场、道路用地总面积为 37.28 万 m^2，其中干流为 31.98 万 m^2，支流为 5.30 万 m^2。裸荒地总面积为 556.82 万 m^2，其中干流为 284.13 万 m^2，支流为 272.69 万 m^2。

最容易受淹没影响的第一级地块总面积为 56.23 万 m^2，其中干流地块总面积为 32.45 万 m^2，支流地块总面积 23.78 万 m^2。土地以农用地、林地和裸荒地为主，占比分别为 11.22%、45.00%、28.56%。农用地总面积为 6.31 万 m^2，其中干流为 4.61 万 m^2，支流为 1.70 万 m^2，林地总面积为 25.31 万 m^2，其中干流为 17.90 万 m^2，支流为 7.41 万 m^2，风景用地总面积为 1.11 万 m^2，其中干流为 0.49 万 m^2，支流为 0.62 万 m^2，建筑、工业用地总面积为 5.50 万 m^2，其中干流为 0.67 万 m^2，支流为 4.83 万 m^2，广场、道路用地总面积为 1.94 万 m^2，其中干流为 1.53 万 m^2，支流为 0.41 万 m^2，裸荒地总面积为 16.06 万 m^2，其中干流为 7.25 万 m^2，支流为 8.81 万 m^2，具体见表 7.12。

表 7.12　变动回水区土地类型信息汇总

干支流	地块级	农用地 /(万 m²)	其他农用地 /(万 m²)	林地 /(万 m²)	风景用地 /(万 m²)	建筑、工业用地 /(万 m²)	港口用地 /(万 m²)	广场、道路用地 /(万 m²)	裸荒地 /(万 m²)
干流	1	4.61	0.00	17.90	0.49	0.67	0.00	1.53	7.25
	最高级	107.25	0.00	344.93	34.35	39.22	2.54	31.98	284.13
支流	1	1.70	0.00	7.41	0.62	4.83	0.00	0.41	8.81
	最高级	17.02	0.00	138.10	41.92	109.79	0.00	5.30	272.69

4. 房屋类型要素信息

最高级地块上共涉及房屋 669 栋,房屋总面积为 14.11 万 m²,其中干流 463 栋,房屋面积为 11.45 万 m²,支流 206 栋,房屋面积为 2.66 万 m²;涉及的房屋主要集中在木洞镇、峡口镇一带。最容易受淹没影响的第一级地块上无涉及房屋。

5. 公共设施信息

该段涉及的公共设施主要是房屋建设用地、道路和广场。最高级地块上共涉及房屋建设用地 14.11 万 m²,其中干流上面积为 11.45 万 m²,支流上面积为 2.66 万 m²。道路总面积为 6.34 万 m²,其中干流上道路面积为 5.08 万 m²,支流上道路面积为 1.26 万 m²。广场总面积为 30.94 万 m²,其中干流上广场面积为 26.90 万 m²,支流上广场面积为 4.04 万 m²。

最容易受淹没影响的第一级地块上共涉及房屋建设用地 0.00。道路总面积为 0.25 万 m²,其中干流上道路面积为 0.16 万 m²,支流上道路面积为 0.09 m²。广场总面积为 1.69 万 m²,其中干流上广场面积为 1.37 万 m²,支流上广场面积为 0.32 万 m²,具体见表 7.13。

表 7.13　变动回水区公共设施信息汇总

干支流	地块级	房屋建设用地/(万 m²)	道路面积/(万 m²)	广场面积/(万 m²)
干流	1	0.00	0.16	1.37
	最高级	11.45	5.08	26.90
支流	1	0.00	0.09	0.32
	最高级	2.66	1.26	4.04

7.3.3　非汛期淹没区

非汛期淹没区(郭家沱至花红堡段)共涉及 20 个基本库段,河道中心线总长度为 171.68 km,其中长江干流中心线总长度为 82.92 km,支流中心线总长度为 88.76 km。调查的最高级地块的总面积为 786.81 万 m²,其中干流地块总面积为 423.33 万 m²,支流地块总面积为 363.48 万 m²。本段最大高程分级为 30 级,最小高程分级为 4 级。调查涉及岸线总长度为 453.00 km,其中干流岸线总长度为 217.29 km,支流岸线总长度为 235.71 km。最容易受影响的第一级地块的总面积为 82.60 万 m²,涉及干流地块总面积为 44.79 万 m²,支流地块总面积为 37.81 万 m²。

1. 基本综合地理信息

地块下边界长度为 408.34 km，其中干流为 202.51 km，支流为 205.83 km。最高级地块上边界总长度为 453.00 km，其中干流为 217.29 km，支流为 235.71 km，具体见表 7.14。地块下边界高程为 176.8~184.7 m，最高级地块上边界高程为 178.4~191.3 m。

表 7.14　非汛区淹没区基本综合地理信息汇总

干支流	地块级	地块下边界长度/km	地块上边界长度/km	河道中心线长度/km	地块面积/（万 m²）
干流	1	202.51	198.61	82.92	44.79
	最高级	202.51	217.29	82.92	423.33
支流	1	205.83	206.30	88.76	37.81
	最高级	205.83	235.71	88.76	363.48

2. 基本地理信息要素

最高级地块库岸总长度为 453.00 km，其中干流岸线总长度为 217.29 km，支流岸线总长度为 235.71 km。库岸以自然库岸为主，人工库岸总长度为 46.80 km，占 10.33%，其中干流中人工库岸长 39.11 km，支流中人工库岸长 7.69 km。人工库岸的形式主要有垂直挡墙和格栅护坡等。自然库岸总长度为 406.20 km，占库岸总长度的 89.67%，其中土质库岸长 233.83 km，干流土质库岸长 111.06 km，支流土质库岸长 122.77 km，岩质库岸长 172.37 km，其中干流岩质库岸长 67.12 km，支流岩质库岸长 105.25 km，具体见表 7.15。

表 7.15　非汛区淹没区基本地理信息要素汇总

干支流	地块级	按自然与人工分类		自然库岸按岩土性质分类	
		人工库岸/km	自然库岸/km	土质库岸/km	岩质库岸/km
干流	1	38.04	160.56	97.39	63.17
	最高级	39.11	178.18	111.06	67.12
支流	1	7.69	198.61	107.58	91.03
	最高级	7.69	228.02	122.77	105.25

3. 土地类型信息

最高级地块总面积为 786.81 万 m²，其中涉及干流地块总面积 423.33 万 m²，支流地块总面积 363.48 万 m²，以农用地，林地，建筑、工业用地和裸荒地为主，占比分别为 6.58%、44.38%、6.91%、36.06%。农用地总面积为 51.77 万 m²，其中干流为 21.43 万 m²，支流为 30.34 万 m²。调查中未发现蔬菜大棚等其他农用地。林地总面积为 349.19 万 m²，其中干流为 194.18 万 m²，支流为 155.01 万 m²。风景用地总面积为 17.91 万 m²，其中干流为 14.03 万 m²，支流为 3.88 万 m²。建筑、工业用地总面积为 54.34 万 m²，其中干流为 51.55 万 m²，支流为 2.79 万 m²。港口用地总面积为 22.27 万 m²，其中干流为 21.68 万 m²，支流为 0.59 万 m²。广场、道路用地总面积为 7.63 万 m²，其中干流为 4.74 万 m²，支流为 2.89 万 m²。裸荒地总面积为 283.70 万 m²，其中干流为 115.72 万 m²，支流为 167.98 万 m²。

最容易受淹没影响的第一级地块总面积为 82.60 万 m²，其中干流地块总面积为 44.79 万 m²，支流地块总面积为 37.81 万 m²。土地以农用地、林地和裸荒地为主，占比分别为 5.90%、46.43%、34.13%。农用地总面积为 4.87 万 m²，其中干流为 2.49 万 m²，支流为 2.38 万 m²。无其他农用地。林地总面积为 38.35 万 m²，其中干流为 20.53 万 m²，支流为 17.82 万 m²。风景用地总面积为 2.48 万 m²，其中干流为 1.47 万 m²，支流为 1.01 万 m²。建筑、工业用地总面积为 5.75 万 m²，其中干流为 5.67 万 m²，支流为 0.08 万 m²。港口用地总面积为 2.52 万 m²，其中干流为 2.40 万 m²，支流为 0.12 万 m²。广场、道路用地总面积为 0.44 万 m²，其中干流为 0.33 万 m²，支流为 0.11 万 m²。裸荒地总面积为 28.19 万 m²，其中干流为 11.90 万 m²，支流为 16.29 万 m²，具体见表 7.16。

表 7.16　汛后段土地类型信息汇总

干支流	地块级	农用地/（万 m²）	其他农用地(万 m²)	林地/（万 m²）	风景用地/（万 m²）	建筑、工业用地/（万 m²）	港口用地/（万 m²）	广场、道路用地/（万 m²）	裸荒地/（万 m²）
干流	1	2.49	0.00	20.53	1.47	5.67	2.40	0.33	11.90
	最高级	21.43	0.00	194.18	14.03	51.55	21.68	4.74	115.72
支流	1	2.38	0.00	17.82	1.01	0.08	0.12	0.11	16.29
	最高级	30.34	0.00	155.01	3.88	2.79	0.59	2.89	167.98

4. 房屋类型要素信息

最高级地块上共涉及房屋 196 栋，房屋总面积为 1.80 万 m²，其中干流 166 栋，房屋面积为 1.31 万 m²，支流 30 栋，房屋面积为 0.49 万 m²。最容易受淹没影响的第一级地块上共涉及房屋 2 栋，房屋总面积为 0.01 万 m²。

5. 公共设施信息

该段涉及的公共设施主要是房屋建设用地、道路和广场。最高级地块上共涉及房屋建设用地 1.80 万 m²，其中干流上面积为 1.31 万 m²，支流上面积为 0.49 万 m²。道路总面积为 2.43 万 m²，其中干流上道路面积为 1.41 万 m²，支流上道路面积为 1.02 万 m²。广场总面积为 5.20 万 m²，其中干流上广场面积为 3.33 万 m²，支流上广场面积为 1.87 万 m²。

最容易受淹没影响的第一级地块上共涉及房屋建设用地 0.01 万 m²，在支流上。道路总面积为 0.18 万 m²，其中干流上道路面积为 0.11 万 m²，支流上道路面积为 0.07 万 m²。广场总面积为 0.26 万 m²，其中干流上广场面积为 0.22 万 m²，支流上广场面积为 0.04 万 m²，具体见表 7.17。

表 7.17　汛后段公共设施信息汇总

干支流	地块级	房屋建设用地/（万 m²）	道路面积/（万 m²）	广场面积/（万 m²）
干流	1	0.00	0.11	0.22
	最高级	1.31	1.41	3.33
支流	1	0.01	0.07	0.04
	最高级	0.49	1.02	1.87

第8章

三峡水库不同运行水位对库区淹没的影响

洪水淹没是一个动态变化的复杂过程，本章首先对三峡库区淹没影响和相关分析进行概述，按要素信息的类别确定统计指标，定义敏感库段及关键节点。然后，以第 6 章提出的临界水位和流量为条件，以第 7 章构建的信息库数据为基础，研究不同库段在不同运行水位、不同来水情势下的淹没风险，揭示洪水淹没的实物统计和沿程分布规律，解析不同水位和运行条件下敏感库段及关键节点的淹没情势。研究方法为洪水风险评估、洪水损失评估提供了一种可量化的手段。

8.1　三峡水库淹没影响概述

8.1.1　淹没影响的定义及内涵

在本节中，淹没是指由于三峡水库蓄水或降雨汇水等，水库水体将库区、库周一定高程范围内的地理实物指标覆盖，此时发生淹没的各点水位达到了地理实物指标的高度。在一定的时间段内，水库水面线在某处发生涨落变化的过程中，按照淹没的定义，只要水面线达到某个最高点，无论持续时间长短，都认为该处的淹没高度为这个最高点，不同地点的淹没最高点的连线为水面线变化全过程的外包线。

按照第 7 章地块单元设定的思路，将每个地块单元的下边界高程作为判定该地块单元是否被淹没的依据，当水面线高程大于该值时，认为此地块单元被淹没。此时，地块单元中的所有地理实物要素均被认为被水淹没；当水面线高程小于该值时，认为不被淹没。依此对所有地块单元对应的水面线高程进行判断，按照要求，将不同的范围和类别统计并汇总，便可以得到不同水位高程下不同范围和不同指标的淹没统计情况。

8.1.2　库周淹没分析指标

三峡库区淹没分析指标是衡量淹没程度、开展淹没影响分析的计算依据。指标的选择依据是：首先能够有效反映其所代表区域的洪水泛滥损失；其次，有良好的可计算性，有利于整个指标体系的量化和分析；最后，有较好的可统计性，便于资料的收集整理。一般，人口、农业、工业等信息是调查统计的重点。

按照上述要求，对信息库中的本底信息类别进行筛选，将土地类淹没信息要素和房屋类淹没信息要素作为淹没分析指标。利用这两类要素信息，结合三峡水库不同坝前水位和出、入库流量，分析不同水面线运行的实物淹没情况，寻找水位变化和地块实物淹没之间的相关影响规律。土地类淹没指标和房屋类淹没指标的概念如下。

（1）土地类淹没指标主要分析调查统计的地块单元内的土地类型及淹没情况，包含的内容主要有农用地，其他农用地，林地，风景用地，建筑、工业用地，港口用地，广场、道路用地及裸荒地。

（2）房屋类淹没指标主要针对地块单元区域内的房屋类型和面积淹没情况进行调查统计，主要有生活用房的面积数据、生产性用房的面积数据、办公用房的面积数据及公共建筑房屋面积数据。

在做淹没影响分析时，首先计算不同来水边界条件下水面线对应的淹没分析指标。进一步，引入淹没率的概念，在不同水面线条件下，统计不同敏感库段的淹没率，淹没率的定义如下：

$$P_{i,j,m} = \frac{I_{i,j,m}}{I_{i总,j,m}}$$

式中：$P_{i,j,m}$ 为在水面线高程为 m 条件下，j 库段中淹没分析指标 i（如淹没岸线长度、淹没地块面积、房屋类型、房屋面积、房屋数量）的淹没率，反映敏感库段的淹没程度；$I_{i,j,m}$ 为在水面线高程为 m 条件下，j 库段中指标 i 对应的淹没实物量；$I_{i\text{总},j,m}$ 为在水面线高程为 m 条件下，j 库段中指标 i 对应的实物总量。在不影响分析准确性的前提下，$I_{i\text{总},j,m}$ 所指的实物总量为，在水面线高程为 m 条件下，j 库段中库周淹没影响区的上边界高程与下边界高程之间的指标 i 的地理信息实物统计汇总值。

$P_{i,j,m}$ 反映某个水面线条件下库段被淹没的程度，其值越大，被淹没的程度越高，表示大量的实物指标均被水面覆盖；其值越小，被淹没的程度越低，表示仅有少量的实物指标被水面覆盖。为反映淹没程度随水面涨落而变化的快慢情况，引入淹没变化率的概念，淹没变化率的定义如下：

$$K_{i,j} = \frac{I_{i,j,m} - I_{i,j,n}}{m - n}$$

式中：$K_{i,j}$ 为在水面线高程从 m 变化至 n 的过程中，j 库段中淹没分析指标 i 对应的淹没实物量变化的快慢情况；$I_{i,j,m}$ 为在水面线高程为 m 条件下，j 库段中指标 i 对应的淹没实物量；$I_{i,j,n}$ 为在水面线高程为 n 条件下，j 库段中指标 i 对应的淹没实物量；m、n 为水面线高程。

$K_{i,j}$ 反映淹没程度随水面涨落而变化的快慢情况，当水面升高时，淹没的范围、面积和内容一定增大，即 $K_{i,j} > 0$，表示水面线高程变化与淹没程度正相关。$K_{i,j}$ 越大，表示随着水位的升高，淹没的范围、面积和内容的变化越快，敏感程度越高；反之，则表示淹没的范围、面积和内容的变化越慢，敏感程度越低。

由于发生淹没时，被淹没的地理信息要素多种多样，有的地理信息要素属于非重要因素，被淹没时影响不大，而有的则是重要因素，被淹没时影响很大。在淹没影响分析中，只单独对某一个地理信息要素指标进行分析，并将其作为敏感库段判断依据不够全面，可能出现判断不准确的情况。在确定 $I_{i,j,m}$ 时，为能够全面考虑不同重要性的因素，同时方便研究，这里提供两种指标利用思路：一是引入淹没实物量的概念，按照地理信息要素各个指标被淹没时的重要程度，对淹没实物指标要素赋权，将赋权后的各指标相加，则可以得到淹没实物量，即用淹没实物量代表 $I_{i,j,m}$；二是剔除掉上述两类指标中的无效指标，即裸荒地指标。分别使用剔除后的土地类淹没指标和房屋类淹没指标代表 $I_{i,j,m}$。

考虑到淹没实物量权重分配涉及的内容较多，不仅同类型指标之间的差异难以量化并赋权，而且不同类型的指标难以简单地通过某个或几个理论将其统一，为严谨表达淹没实物指标情况，采用第二种方式，即使用优化后的土地类淹没指标和房屋类淹没指标代表 $I_{i,j,m}$。

8.2　三峡库区不同水面线淹没

第 6 章计算了在坝前水位为 145～175 m 时，不同流量工况下淹没可控的临界流量和水位。鉴于汛期大流量条件时坝前水位多为 160～165 m，选择有代表性的坝前水位 160 m 和 165 m，基于以寸滩站来水为主、以区间来水为主、以武隆站来水为主的不同工况组合情况的临界水面线计算成果，系统分析三峡库区的淹没情况。

此外，本节通过假定不同的坝前蓄水位高程，分析平水段内可能出现的淹没实物指标，了解淹没实物指标的淹没趋势，从淹没实物指标的角度进行调度裕度空间分析，评估三峡水库提高蓄水位的可能性。

8.2.1　以寸滩站来水为主型洪水的入库临界流量

1. 坝前水位为 160 m

全库区发生淹没的土地面积为 5 301 555.241 m²，房屋淹没面积为 2 287.40 m²，占淹没面积的比例分别为 28.17% 和 1.56%。在弹子田断面开始发生淹没，在红花堡断面结束达到100%，在淹没区域中，发生淹没的区县是渝北区、重庆市区、巴南区、江津区，具体见表 8.1（表中重庆市区包括江北区、渝中区、沙坪坝区、九龙坡区、大渡口区、北碚区、南岸区，后表同）。

表 8.1　坝前水位 160 m 时以寸滩站来水为主型洪水对应的淹没情况表

		区县				
		渝北区	重庆市区	巴南区	江津区	合计
基本地理信息	地块面积/m²	150 444.020	3 253 547.837	1 140 517.684	757 045.700	5 301 555.241
	土地淹没率/%	17.81	22.02	46.6	100	28.17
房屋信息	房屋面积/m²	0	2 232.4	0	55.0	2 287.4
	房屋淹没率/%	0	1.81	0	100	1.56
土地信息	耕地/m²	6 496.197	187 336.773	78 773.440	64 390.984	336 997.394
	耕地淹没率/%	0.77	1.27	3.22	8.51	1.79
	林地/m²	65 355.606	1 192 172.899	630 524.312	348 567.830	2 236 620.647
	林地淹没率/%	12.73	32.15	45.64	100	37.58
	公园用地/m²	38 265.8	104 364.772	71 965.636	0	214 596.208
	公园用地淹没率/%	100	12.56	99.04	—	22.79
	工业用地/m²	0	345 587.221	12 689.541	64 108.300	422 385.062
	工业用地淹没率/%	0	20.09	19.42	100	22.63
	港口用地/m²	0	143 961.541	25 693.959	12 500.000	182 155.500
	港口用地淹没率/%	—	68.79	97.66	100	73.43
	道路用地/m²	0	26 611.130	1 470.008	3 020.000	31 101.138
	道路用地淹没率/%	0	26.73	1.6	100	15.36
	荒地/m²	40 326.417	1 253 513.501	319 400.788	264 458.586	1 877 699.292
	荒地淹没率/%	35.75	17.12	68.95	100	23.01
	其他农用地/m²	0	0	0	0	0
	其他农用地淹没率/%	—	—	—	—	—

2. 坝前水位为 165 m

全库区发生淹没的土地面积为 4 939 578.823 m²，房屋淹没面积为 1 368.939 m²，占淹没面积的比例分别为 26.24%和 0.93%。在弹子田断面开始发生淹没，直至红花堡结束，发生淹没的区县是渝北区、重庆市区、巴南区、江津区，具体见表 8.2。

表 8.2　坝前水位 165 m 时以寸滩站来水为主型洪水对应的淹没情况表

		区县				
		渝北区	重庆市区	巴南区	江津区	合计
基本地理信息	地块面积/m²	150 444.020	2 891 571.419	1 140 517.684	757 045.700	4 939 578.823
	土地淹没率/%	17.81	19.57	46.6	100	26.24
房屋信息	房屋面积/m²	0	1 313.939	0	55.000	1 368.939
	房屋淹没率/%	0	1.07	0	100	0.93
土地信息	耕地/m²	6 496.197	176 847.786	78 773.440	64 390.984	326 508.407
	耕地淹没率/%	4.19	20	22.71	100	22.51
	林地/m²	65 355.606	1 053 960.681	630 524.312	348 567.830	2 098 408.429
	林地淹没率/%	12.73	28.42	45.64	100	35.26
	公园用地/m²	38 265.800	80 146.932	71 965.636	0	190 378.368
	公园用地淹没率/%	100	9.65	99.04	—	20.22
	工业用地/m²	0	326 912.885	12 689.541	64 108.300	403 710.726
	工业用地淹没率/%	0	19.01	19.42	100	21.63
	港口用地/m²	0	141 108.337	25 693.959	12 500.000	179 302.296
	港口用地淹没率/%	—	67.43	97.66	100	72.28
	道路用地/m²	0	23 137.495	1 470.008	3 020.000	27 627.503
	道路用地淹没率/%	0	23.24	1.6	100	13.65
	荒地/m²	40 326.417	1 089 457.303	319 400.788	264 458.586	1 713 643.094
	荒地淹没率/%	35.75	14.88	68.95	100	21
	其他农用地/m²	0	0	0	0	0
	其他农用地淹没率/%	—	—	—	—	—

通过表 8.1 和表 8.2 可以发现，以寸滩站来水为主型洪水的入库临界流量水面线，在坝前水位为 160 m 和 165 m 时，对应的淹没分布规律是一致的，即在同一坝前水位条件下，渝北区、重庆市区、巴南区、江津区土地淹没率从下游向上游呈增长趋势。在同一坝前水位条件下，渝北区、重庆市区、巴南区房屋淹没率从下游向上游呈增长趋势。

8.2.2　以区间来水为主型洪水的入库临界流量

1. 坝前水位为 160 m

全库区发生淹没的土地面积为 4 959 952.722 m²，房屋淹没面积为 1 720.957 m²，占淹没面积的比例分别为 26.35% 和 1.17%。在弹子田断面开始发生淹没，直至红花堡结束，发生淹没的区县是渝北区、重庆市区、巴南区、江津区，具体见表 8.3。

表 8.3　坝前水位 160 m 时以区间来水为主型洪水对应的淹没情况表

		区县				
		渝北区	重庆市区	巴南区	江津区	合计
基本地理信息	地块面积/m²	150 444.02	2 911 945.318	1 140 517.684	757 045.700	4 959 952.722
	土地淹没率/%	17.81	19.71	46.6	100	26.35
房屋信息	房屋面积/m²	0	1 665.957	0	55.000	1 720.957
	房屋淹没率/%	0	1.35	0	100	1.17
土地信息	耕地/m²	6 496.197	177 460.905	78 773.440	64 390.984	327 121.526
	耕地淹没率/%	4.19	20.07	22.71	100	22.55
	林地/m²	65 355.606	1 061 235.491	630 524.312	348 567.830	2 105 683.239
	林地淹没率/%	12.73	28.62	45.64	100	35.38
	公园用地/m²	38 265.800	80 146.932	71 965.636	0	190 378.368
	公园用地淹没率/%	100	9.65	99.04	—	20.22
	工业用地/m²	0	328 921.185	12 689.541	64 108.300	405 719.026
	工业用地淹没率/%	0	19.12	19.42	100	21.74
	港口用地/m²	0	142 974.345	25 693.959	12 500.000	181 168.304
	港口用地淹没率/%	—	68.32	97.66	100	73.03
	道路用地/m²	0	23 239.195	1 470.008	3 020.000	27 729.203
	道路用地淹没率/%	0	23.34	1.6	100	13.7
	荒地/m²	40 326.417	1 097 967.265	319 400.788	264 458.586	1 722 153.056
	荒地淹没率/%	35.75	15	68.95	100	21.1
	其他农用地/m²	0	0	0	0	0
	其他农用地淹没率/%	—	—	—	—	—

2. 坝前水位为 165 m

全库区发生淹没的土地面积为 4 435 535.591 m²，房屋淹没面积为 384.90 m²，占淹没面积的比例分别为 23.57% 和 0.26%。在弹子田断面开始发生淹没，直至红花堡结束，发生淹没的区县是渝北区、重庆市区、巴南区、江津区，具体见表 8.4。

表 8.4 坝前水位 165 m 时以区间来水为主型洪水对应的淹没情况表

		区县				
		渝北区	重庆市区	巴南区	江津区	合计
基本地理信息	地块面积/m²	150 444.020	2 387 528.187	1 140 517.684	757 045.700	4 435 535.591
	土地淹没率/%	17.81	16.16	46.60	100.00	23.57
房屋信息	房屋面积/m²	0	329.90	0	55.00	384.90
	房屋淹没率/%	0.00	0.27	0.00	100.00	0.26
土地信息	耕地/m²	6 496.197	164 469.816	78 773.44	64 390.984	314 130.437
	耕地淹没率/%	4.19	18.60	22.71	100.00	21.65
	林地/m²	65 355.606	911 219.058	630 524.312	348 567.830	1 955 666.806
	林地淹没率/%	12.73	24.57	45.64	100.00	32.86
	公园用地/m²	38 265.800	43 478.703	71 965.636	0	153 710.139
	公园用地淹没率/%	100.00	5.23	99.04	—	16.32
	工业用地/m²	0	273 309.643	12 689.541	64 108.300	350 107.484
	工业用地淹没率/%	0.00	15.89	19.42	100.00	18.76
	港口用地/m²	0	129 814.733	25 693.959	12 500.000	168 008.692
	港口用地淹没率/%	—	62.03	97.66	100.00	67.72
	道路用地/m²	0	17 657.467	1 470.008	3 020.000	22 147.475
	道路用地淹没率/%	0.00	17.73	1.60	100.00	10.94
	荒地/m²	40 326.417	847 578.767	319 400.788	264 458.586	1 471 764.558
	荒地淹没率/%	35.75	11.58	68.95	100.00	18.03
	其他农用地/m²	0	0	0	0	0
	其他农用地淹没率/%	—	—	—	—	—

8.2.3 以武隆站来水为主型洪水的入库临界流量

1. 坝前水位为 160 m

全库区中发生淹没的土地面积为 5 004 036.522 m²，房屋淹没面积为 1 720.957 m²，占淹没面积的比例分别为 26.59% 和 1.17%。在弹子田断面开始发生淹没，直至红花堡结束，发生淹没的区县是渝北区、重庆市区、巴南区、江津区，具体见表 8.5。

表 8.5　坝前水位 160 m 时以武隆站来水为主型洪水对应的淹没情况表

		区县				
		渝北区	重庆市区	巴南区	江津区	合计
基本地理信息	地块面积/m²	150 444.020	2 956 029.118	1 140 517.684	757 045.700	5 004 036.522
	土地淹没率/%	17.81	20.01	46.60	100.00	26.59
房屋信息	房屋面积/m²	0	1 665.957	0	55.000	1 720.957
	房屋淹没率/%	0.00	1.35	0.00	100.00	1.17
土地信息	耕地/m²	6 496.197	179 599.925	78 773.440	64 390.984	329 260.546
	耕地淹没率/%	4.19	20.31	22.71	100.00	22.70
	林地/m²	65 355.606	1 088 113.551	630 524.312	348 567.830	2 132 561.299
	林地淹没率/%	12.73	29.34	45.64	100.00	35.83
	公园用地/m²	38 265.800	83 850.532	71 965.636	0	194 081.968
	公园用地淹没率/%	100.00	10.09	99.04	—	20.61
	工业用地/m²	0	333 006.260	12 689.541	64 108.300	409 804.101
	工业用地淹没率/%	0.00	19.36	19.42	100.00	21.96
	港口用地/m²	0	143 994.513	25 693.959	12 500.000	182 188.472
	港口用地淹没率/%	—	68.81	97.66	100.00	73.44
	道路用地/m²	0	24 082.132	1 470.008	3 020.000	28 572.140
	道路用地淹没率/%	0.00	24.19	1.60	100.00	14.11
	荒地/m²	40 326.417	1 103 382.205	319 400.788	264 458.586	1 727 567.996
	荒地淹没率/%	35.75	15.07	68.95	100.00	21.17
	其他农用地/m²	0	0	0	0	0
	其他农用地淹没率/%	—	—	—	—	—

2. 坝前水位为 165 m

全库区中发生淹没的土地面积为 4 686 442.696 m²，房屋淹没面积为 877.815 m²，占淹没面积的比例分别为 24.9% 和 0.6%。在弹子田断面开始发生淹没，直至红花堡结束，发生淹没的区县是渝北区、重庆市区、巴南区、江津区，具体见表 8.6。

表 8.6　坝前水位 165 m 时以武隆站来水为主型洪水对应的淹没情况表

		区县				
		渝北区	重庆市区	巴南区	江津区	合计
基本地理信息	地块面积/m²	150 444.020	2 638 435.292	1 140 517.684	757 045.700	4 686 442.696
	土地淹没率/%	17.81	17.86	46.6	100	24.9
房屋信息	房屋面积/m²	0	822.815	0	55.000	877.815
	房屋淹没率/%	0	0.67	0	100	0.6
土地信息	耕地/m²	6 496.197	169 065.736	78 773.440	64 390.984	318 726.357
	耕地淹没率/%	4.19	19.12	22.71	100	21.97
	林地/m²	65 355.606	975 538.753	630 524.312	34 8567.830	2 019 986.501
	林地淹没率/%	12.73	26.31	45.64	100	33.94
	公园用地/m²	38 265.800	59 599.345	71 965.636	0	169 830.781
	公园用地淹没率/%	100	7.17	99.04	—	18.03
	工业用地/m²	0	311 228.730	12 689.541	64 108.300	388 026.571
	工业用地淹没率/%	0	18.09	19.42	100	20.79
	港口用地/m²	0	134 746.689	25 693.959	12 500.000	172 940.648
	港口用地淹没率/%	—	64.39	97.66	100	69.71
	道路用地/m²	0	19 647.253	1 470.008	3 020.000	24 137.261
	道路用地淹没率/%	0	19.73	1.6	100	11.92
	荒地/m²	40 326.417	968 608.786	319 400.788	264 458.586	1 592 794.577
	荒地淹没率/%	35.75	13.23	68.95	100	19.52
	其他农用地/m²	0	0	0	0	0
	其他农用地淹没率/%	—	—	—	—	—

8.2.4　三峡水库 175 m 以上调度裕度

　　根据河道型水库的特点，当三峡水库处于高水位运行时，平水段的水位基本上与坝前水位保持一致，只在其上游端末尾处呈现翘尾趋势。此时，变动回水区和库尾的淹没变化相对于平水段来说，不是特别明显。为突出重点，方便研究，假定三峡水库蓄水位从 175 m 开始抬升，平水段水位与坝前水位保持一致，变动回水区和库尾的淹没未发生较大变化。在此前提下，重点对坝前平水段的淹没情况进行统计和分析。坝前水位从 175 m 至 177 m，每抬升 0.5 m，平水段淹没情况如表 8.7～表 8.10 所示。

表 8.7　坝前水位 175.5 m 时平水水段淹没情况

区县	库段	土地信息								房屋信息	
		耕地/m²	林地/m²	公园用地/m²	工业用地/m²	港口用地/m²	道路用地/m²	荒地/m²	其他农用地	房屋面积/m²	
合计		269 496.345	1 589 280.513	1 033.795	160 577.387	12 499.149	59 294.839	1 989 700.434	236.37	0	
夷陵	1-3	975.146	18 345.394	0	2 463.090	4.259	634.000	54 774.146	0	0	
秭归	1-10	12 083.695	28 547.860	0	3 081.878	5 559.659	2 147.359	241 796.570	0	0	
兴山	6	4 360.765	2 432.624	0	0	3 165.078	3 844.875	108 107.275	0	0	
巴东	11-17	161.149	71 980.123	0	48.594	515.889	2 186.431	136 061.775	182.33	0	
巫山	18-28	24 453.296	198 164.932	0	3 635.922	171.560	6 733.702	177 439.316	0	0	
巫溪	22	1 405.396	4 509.571	0	57.353	0	177.105	16 267.593	0	0	
奉节	27-35	48 346.540	162 116.749	0	9 722.441	0	5 455.510	130 292.813	0	0	
云阳	35-46	32 265.154	356 627.338	0	7 636.190	0	8 550.113	380 455.717	0	0	
万州	45-60	48 457.278	203 137.723	1 033.795	114 574.732	3 082.704	13 065.324	224 405.948	0	0	
石柱	60-65	17 519.525	68 719.057	0	605.300	0	3 793.143	69 834.778	0	0	
忠县	60-73	56 299.137	287 571.831	0	8 797.100	0	8 340.541	277 412.194	0	0	
丰都	73-83	21 448.744	183 179.012	0	9 954.787	0	4 131.752	166 917.577	54.04	0	
涪陵	83-84	1 720.520	3 948.299	0	0	0	234.984	5 934.732	0	0	

表 8.8　坝前水位 176 m 时平水段淹没情况

区县	库段	土地信息								房屋信息
		耕地/m²	林地/m²	公园用地/m²	工业用地/m²	港口用地/m²	道路用地/m²	荒地/m²	其他农用地/m²	房屋面积/m²
合计		540 422.259	3 195 507.907	2 006.48	254 589.761	23 444.544	120 403.057	4 024 443.148	470.211	0
夷陵	1-3	1 806.151	36 139.873	0	3 823.772	9.792	1 411.000	106 099.341	0	0
秭归	1-10	24 074.584	56 756.110	0	5 783.744	11 032.928	4 854.167	480 892.546	0	0
兴山	6	8 552.704	4 876.949	0	0	5 511.497	7 450.137	224 076.243	0	0
巴东	11-17	322.426	140 924.455	0	97.001	1 033.497	4 661.272	262 585.387	362.132	0
巫山	18-28	48 939.235	396 917.819	0	7 206.476	171.560	14 086.713	355 493.423	0	0
巫溪	22	3 311.950	9 430.320	0	98.925	0	377.661	38 429.407	0	0
奉节	27-35	96 628.972	324 484.237	0	17 921.104	0	11 444.732	260 912.936	0	0
云阳	35-46	64 989.472	723 101.640	0	13 171.788	0	17 480.961	789 754.110	0	0
万州	45-60	95 750.325	410 966.733	2 006.48	177 301.603	5 685.270	25 010.745	447 135.149	0	0
石柱	60-65	36 015.557	139 126.902	0	618.800	0	7 640.114	147 556.925	0	0
忠县	60-73	113 719.819	574 075.062	0	11 040.700	0	17 198.156	560 750.266	0	0
丰都	73-83	43 037.227	371 147.288	0	17 525.848	0	8 339.535	339 671.238	108.079	0
涪陵	83-84	3 273.837	7 560.519	0	0	0	447.864	11 086.177	0	0

表 8.9　坝前水位 176.5 m 时平水段淹没情况

区县	库段	土地信息								房屋信息
		耕地/m²	林地/m²	公园用地/m²	工业用地/m²	港口用地/m²	道路用地/m²	荒地/m²	其他农用地	房屋面积/m²
合计		819 613.765	4 825 623.855	2 972.865	347 949.805	34 374.579	183 918.144	6 195 386.799	701.526	0
夷陵	1-3	2 635.408	53 513.396	0	5 225.833	15.840	2 176.000	157 983.966	0	0
秭归	1-10	36 192.352	84 863.472	0	8 363.537	16 425.793	7 758.539	720 373.592	0	0
兴山	6	12 656.194	7 353.225	0	0	7 901.405	11 735.611	379 565.844	0	0
巴东	11-17	483.838	211 214.557	0	145.221	1 550.156	7 304.250	390 449.750	539.407	0
巫山	18-28	73 468.932	599 906.455	0	9 346.163	171.560	21 835.995	540 883.124	0	0
巫溪	22	6 386.774	14 893.181	0	151.078	0	566.491	72 263.430	0	0
奉节	27-35	144 889.110	489 415.160	0	26 817.325	0	17 873.070	397 422.082	0	0
云阳	35-46	98 027.959	1 090 856.697	0	18 855.348	0	26 221.711	1 242 043.587	0	0
万州	45-60	144 730.851	620 369.449	2 972.865	239 479.138	8 309.825	37 172.515	674 809.253	0	0
石柱	60-65	57 210.258	210 440.920	0	928.000	0	11 756.472	228 514.932	0	0
忠县	60-73	173 512.159	869 866.884	0	12 868.600	0	26 256.962	858 074.401	0	0
丰都	73-83	64 606.582	561 779.463	0	25 769.562	0	12 601.577	516 800.785	162.119	0
涪陵	83-84	4 813.348	11 150.996	0	0	0	658.951	16 202.053	0	0

表 8.10 坝前水位 177 m 时平水段淹没情况

区县	库段	土地信息								房屋信息
		耕地/m²	林地/m²	公园用地/m²	工业用地/m²	港口用地/m²	道路用地/m²	荒地/m²	其他农用地	房屋面积/m²
合计	1-3	1 119 146.708	6 537 459.873	3 974.81	481 395.466	53 727.500	247 207.251	8 614 598.600	3 529.462	0
夷陵	1-3	3 534.298	72 303.612	0	6 701.206	21.891	3 011.000	215 030.026	0	0
秭归	1-10	49 720.890	117 501.679	0	11 223.139	27 895.616	9 989.347	969 542.769	0	0
兴山	6	16 794.430	9 858.722	0	0	11 276.872	14 042.051	538 223.414	0	0
巴东	11-17	645.383	289 711.133	0	193.254	2 070.161	9 899.343	575 318.788	714.154	0
巫山	18-28	98 292.195	822 555.408	0	12 978.148	171.560	30 296.730	740 325.067	0	0
巫溪	22	9 732.172	20 383.080	0	179.539	0	755.32	109 170.259	0	0
奉节	27-35	193 581.442	652 293.027	0	36 123.419	0	24 539.630	554 055.129	0	0
云阳	35-46	135 966.347	1 503 788.383	0	29 221.766	0	35 046.232	1 786 328.945	0	0
万州	45-60	202 363.758	836 069.269	3 974.81	330 594.637	10 570.600	51 267.569	923 671.058	0	0
石柱	60-65	79 084.401	285 830.465	0	1 328.500	0	15 816.001	312 380.013	0	0
忠县	60-73	236 650.104	1 168 324.855	0	17 542.300	1 720.800	34 912.999	1 178 481.048	0	0
丰都	73-83	86 403.396	744 062.432	0	35 309.558	0	16 757.567	690 665.398	2 815.308	0
涪陵	83-84	6 377.892	14 777.808	0	0	0	873.462	21 406.686	0	0

考虑土地类淹没指标和房屋类淹没指标的相对重要程度，将耕地、工业用地、房屋作为裕度空间分析指标，平水段中不同县（区）175 m 以上不同坝前水位（175.5 m、176.0 m、176.5 m、177.0 m）的淹没变化情况如图 8.1～图 8.3 所示。

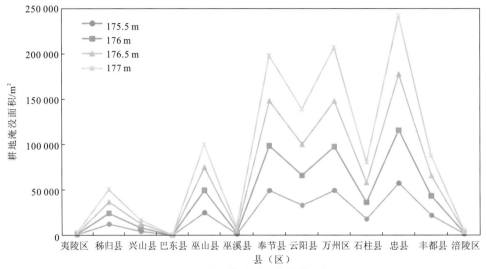

图 8.1　平水段耕地淹没变化情况图

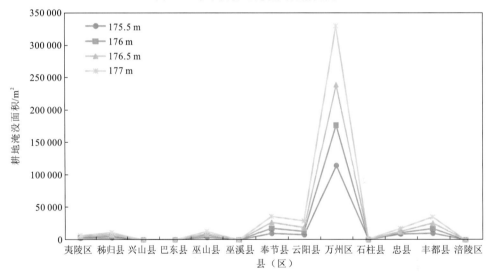

图 8.2　平水段工业用地淹没变化情况图

坝前水位从 175 m 上升至 177 m 时，耕地在忠县、万州区、巫山县、秭归县的淹没面积较大，且在水位抬升过程中，淹没面积增长较快，特别是忠县和万州区，当水位达到 177 m 时，耕地淹没面积分别达到 236 650.104 m² 和 202 363.758 m²，占平水区全部被淹耕地面积的 21.15% 和 18.08%。

坝前水位从 175 m 上升至 177 m 时，工业用地在万州区的淹没面积较大，且随着水位升高，万州区工业用地的淹没面积增长较快。当水位达到 177 m 时，工业用地面积达到 330 594.637 m²，占平水区全部被淹工业用地面积的 68.67%。坝前水位 177 m 以下时，均未发生房屋淹没。

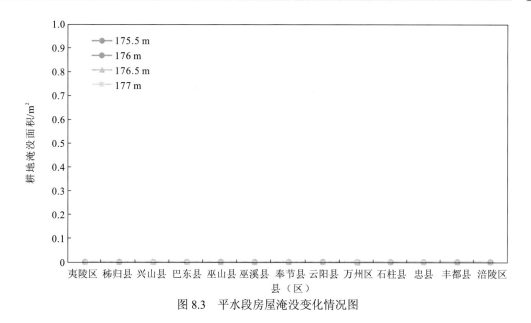

图 8.3　平水段房屋淹没变化情况图

8.3　敏感库段淹没影响

定义受水库不同运行水位淹没产生的相关影响特别严重和特别大的库段为敏感库段。其主要包括：①水库库尾变动回水区，特别是淹没处理设计洪水回水末端附近库段；②库区迁建城市、县城、主要集镇，人口密集、房屋及各类专业设施多、规模大的库段；③两岸地形平坦、农田集中的库段；④库岸不稳定，易于发生塌岸、滑坡等地质灾害的库段；⑤试验性蓄水或试运行以来，出现淹没等新问题比较多、比较大的库段。综上，选择以下12 个基本库段开展敏感性分析：奉节城区三马山西区、奉节城区朱衣镇、巴东城区黄土坡社区、广阳镇明月沱中铁宝桥、江北区鱼嘴果园港、郭家沱望江工业集团、铜锣峡口、唐家沱码头及栋梁河河口、寸滩港、洛碛镇、木洞镇、江津区 131 基本库段。

8.3.1　奉节城区三马山西区

对于奉节城区三马山西区（仅发生土地淹没，未发生房屋淹没），当水面线达到 175.6 m时，土地淹没率为 25.57%；当水面线达到 176.1 m 时，土地淹没率为 50.72%；当水面线达到 176.6 m 时，土地淹没率为 76.32%；当水面线达到 177.0 m 时，土地淹没率为 100%。奉节城区三马山西区土地淹没变化情况如图 8.4 所示。

该库段发生淹没的土地类型主要为工业用地、林地和道路用地，随着水位的不断升高，被淹没的工业用地、林地和道路用地面积逐渐变大，且基本呈现线性变化趋势。

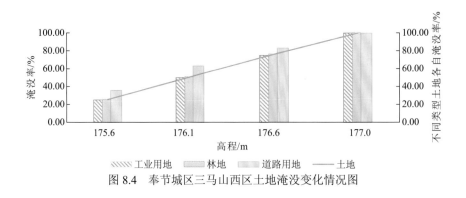

图 8.4　奉节城区三马山西区土地淹没变化情况图

8.3.2　奉节城区朱衣镇

对于奉节城区朱衣镇，仅发生土地淹没，未发生房屋淹没。当水面线达到 175.6 m 时，土地淹没率为 25.15%；当水面线达到 176.1 m 时，土地淹没率为 50.17%；当水面线达到 176.6 m 时，土地淹没率为 75.07%；当水面线达到 177.0 m 时，土地淹没率为 100%。奉节城区朱衣镇土地淹没变化情况如图 8.5 所示。

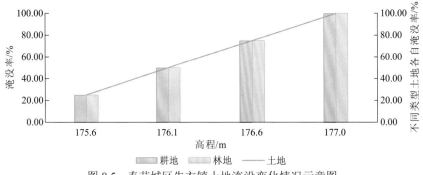

图 8.5　奉节城区朱衣镇土地淹没变化情况示意图

该库段发生淹没的土地类型主要为耕地和林地，随着水位的不断升高，被淹没的耕地和林地面积逐渐变大，同样基本呈现线性变化趋势。

8.3.3　巴东城区黄土坡社区

对于巴东城区黄土坡社区，仅发生土地淹没，未发生房屋淹没。当水面线达到 175.5 m 时，土地淹没率为 24.84%；当水面线达到 176.0 m 时，土地淹没率为 49.74%；当水面线达到 176.5 m 时，土地淹没率为 74.72%；当水面线达到 177.0 m 时，土地淹没率为 100%。巴东城区黄土坡社区土地淹没变化情况如图 8.6 所示。

该库段被淹没的土地类型主要为工业用地、港口用地和道路用地。随着水位的不断升高，被淹没的工业用地、港口用地、道路用地面积逐渐变大，基本呈现线性变化趋势。

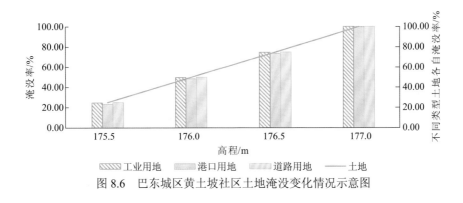

图 8.6   巴东城区黄土坡社区土地淹没变化情况示意图

8.3.4   广阳镇明月沱中铁宝桥

对于广阳镇明月沱中铁宝桥，当水面线达到 180.25 m 时，土地淹没率为 0.71%，房屋尚未发生淹没；当水面线达到 183.25 m 时，土地淹没率为 9.18%，房屋在此时开始发生淹没，淹没率为 0.14%；当水面线达到 186.25 m 时，土地淹没率和房屋淹没率均显著提高，前者为 80.22%，后者为 73.97%；当水面线达到 188.10 m 时，土地淹没率和房屋淹没率均达 100%。广阳镇明月沱中铁宝桥土地淹没变化情况和房屋淹没变化情况如图 8.7、图 8.8 所示。

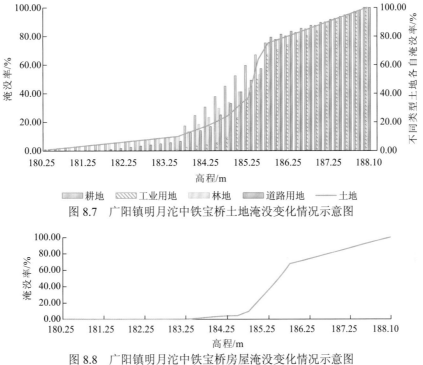

图 8.7   广阳镇明月沱中铁宝桥土地淹没变化情况示意图

图 8.8   广阳镇明月沱中铁宝桥房屋淹没变化情况示意图

该库段的土地和房屋均发生淹没，被淹没的土地类型主要为工业用地、耕地、林地和道路用地。当水面线在 180.25～183.25 m 时，该库段的土地和房屋淹没的增长趋势较慢；当水面线在 183.25～186.25 m 时，土地和房屋淹没的增速迅速提升；当水面线在

186.25～188.10 m 时，土地和房屋淹没增长趋势再次放缓。整体而言，该库段对淹没的敏感程度较高。

8.3.5　江北区鱼嘴果园港

对于江北区鱼嘴果园港，当水面线达到 180.95 m 时，土地淹没率为 3.27%，房屋尚未发生淹没；当水面线达到 182.95 m 时，土地淹没率显著提高，为 19.25%，此时房屋也开始发生淹没，淹没率为 0.70%；当水面线达到 188.90 m 时，土地淹没率和房屋淹没率均达100%。江北区鱼嘴果园港土地淹没变化情况和房屋淹没变化情况如图 8.9、图 8.10 所示。

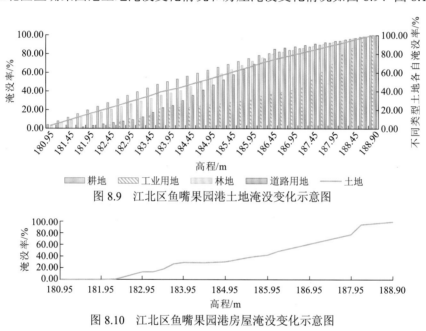

图 8.9　江北区鱼嘴果园港土地淹没变化示意图

图 8.10　江北区鱼嘴果园港房屋淹没变化示意图

该库段的土地和房屋均发生淹没，被淹没的土地类型主要为耕地、工业用地、林地、道路用地。当水面线在 180.95～<183.95 m 时，土地和房屋淹没增长趋势较慢；当水面线涨至 183.95～<186.45 m 时，土地淹没面积随水位的抬升迅速增大；当水面线涨至186.45～<188.90 m 时，土地淹没增长趋势再次放缓。而房屋的淹没变化率呈现阶梯式增长，整体而言，库段敏感程度较高。

8.3.6　郭家沱望江工业集团

对于郭家沱望江工业集团，当水面线达到 177.1 m 时，土地淹没率为 2.67%，房屋尚未发生淹没；当水面线达到 180.1 m 时，土地淹没率为 18.62%，此时房屋也开始发生淹没，淹没率为 1.60%；当水面线达到 181.6 m 时，土地淹没率为 26.60%，房屋淹没率为 22.18%；当水面线达到 190.6 m 时，土地淹没率和房屋淹没率均达 100%。郭家沱望江工业集团土地淹没变化情况和房屋淹没变化情况如图 8.11、图 8.12 所示。

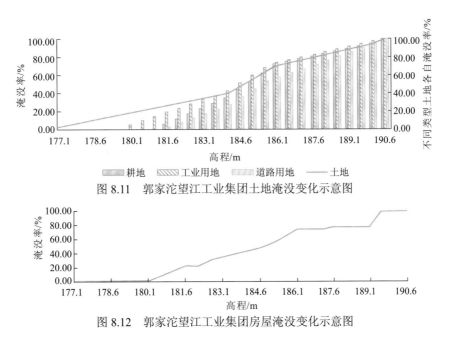

图 8.11　郭家沱望江工业集团土地淹没变化示意图

图 8.12　郭家沱望江工业集团房屋淹没变化示意图

该库段的土地和房屋均发生淹没，被淹没的土地类型主要为耕地、工业用地和道路用地。土地淹没率随着水位的升高，呈折线式增高的变化趋势，而房屋淹没率则呈现阶梯式增长趋势。

8.3.7　铜锣峡口

对于铜锣峡口，当水面线达到 177.3 m 时，土地淹没率为 3.55%，房屋尚未发生淹没；当水面线达到 178.3 m 时，土地淹没率为 14.18%，房屋此时也开始发生淹没，当水面线达到 179.3 m 时，道路开始发生淹没；当水面线达到 189.3 m 时，房屋淹没率达到 100%；当水面线达到 191.3 m 时，土地淹没率达到 100%。铜锣峡口土地淹没变化情况和房屋淹没变化情况如图 8.13、图 8.14 所示。

该库段的土地和房屋均发生淹没，被淹没的土地类型主要为工业用地、林地和道路用地。土地淹没率随着水位的升高，基本呈现折线式增长的趋势，而房屋淹没率则呈现阶梯式增长趋势。

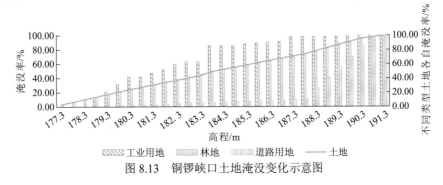

图 8.13　铜锣峡口土地淹没变化示意图

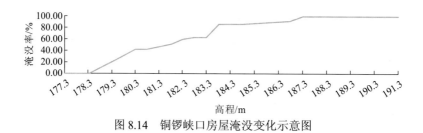

图 8.14　铜锣峡口房屋淹没变化示意图

8.3.8　唐家沱码头及栋梁河河口

对于唐家沱码头及栋梁河河口，当水面线达到 177.3 m 时，土地淹没率为 3.72%，房屋尚未发生淹没；当水面线达到 178.9 m 时，土地淹没率为 14.85%，此时房屋也开始发生淹没，淹没率为 4.96%；当水面线达到 191.3 m 时，土地淹没率和房屋淹没率均达 100%。唐家沱码头及栋梁河河口土地淹没变化情况和房屋淹没变化情况如图 8.15、图 8.16 所示。

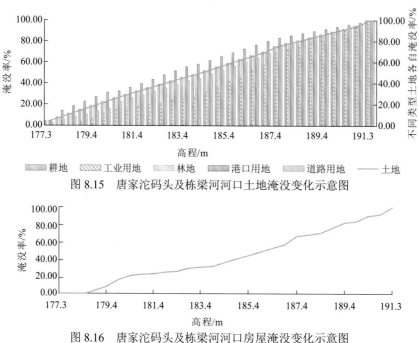

图 8.15　唐家沱码头及栋梁河河口土地淹没变化示意图

图 8.16　唐家沱码头及栋梁河河口房屋淹没变化示意图

该库段土地和房屋均发生淹没，被淹没的土地类型主要为耕地、工业用地、林地、港口用地和道路用地。土地淹没率随着水位的升高，基本呈现折线式增长的趋势，房屋的淹没率基本是线性增长的趋势。

8.3.9　寸滩港

对于寸滩港仅发生了土地淹没，未发生房屋淹没。发生淹没的土地类型主要为耕地、公园用地、工业用地、林地、港口用地、道路用地。当水面线达到 177.6 m 时，土地淹没率为 8.01%，之后土地淹没率基本以线性趋势上涨至 100%（水面线达到 183.7 m）。寸滩港土地淹没变化情况如图 8.17 所示。

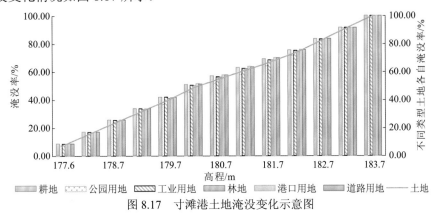

图 8.17　寸滩港土地淹没变化示意图

8.3.10　洛碛镇

对于洛碛镇，当水面线达到 177.05 m 时，土地淹没率为 3.06%，房屋未发生淹没；随着水位抬高至 184.05 m，房屋开始发生淹没；当水面线达到 185.10 m 时，土地淹没率和房屋淹没率均达 100%。洛碛镇土地淹没变化情况和房屋淹没变化情况如图 8.18、图 8.19 所示。

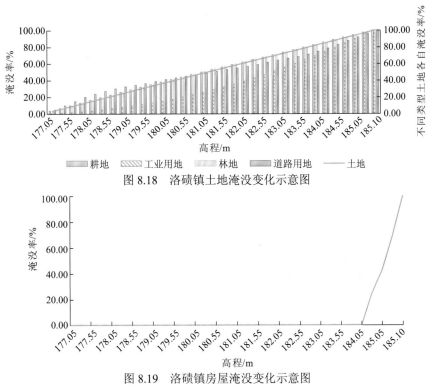

图 8.18　洛碛镇土地淹没变化示意图

图 8.19　洛碛镇房屋淹没变化示意图

该库段的土地和房屋均发生淹没，被淹没的土地类型主要为耕地、工业用地、林地和道路用地。土地和房屋的淹没增长趋势呈现线性增高的规律，而房屋从 184.05 m 才开始淹没，之后呈线性变化的趋势。整体而言，库段敏感程度较高。

8.3.11　木洞镇

对于木洞镇，当水面线达到 179.55 m 时，开始发生土地淹没，土地淹没率为 3.14%，房屋在水面线达到 187.05 m 时开始发生淹没。直至 187.40 m，两者涨至 100%。木洞镇土地淹没变化情况和房屋淹没变化情况如图 8.20、图 8.21 所示。

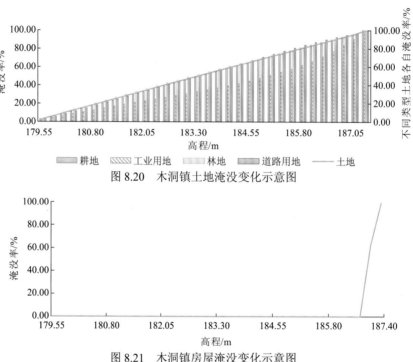

图 8.20　木洞镇土地淹没变化示意图

图 8.21　木洞镇房屋淹没变化示意图

该库段的土地和房屋均发生淹没，被淹没的土地类型主要为工业用地、耕地、林地和道路用地。随着水位的不断升高，土地淹没率基本呈现线性变化形式，房屋在 187.05 m 才开始发生淹没，之后实现线性增长的趋势。整体而言，库段敏感程度较高。

8.3.12　江津区 131 基本库段

对于江津区 131 基本库段，当水面线达到 182.3 m 时，开始发生淹没，土地淹没率为 15.96%（耕地淹没率为 11.66%，工业用地淹没率为 100%），此时工业用地已全部淹没；当水面线涨至 185.7 m 时，土地淹没率整体达 100%。江津区 131 基本库段土地淹没变化情况如图 8.22 所示。

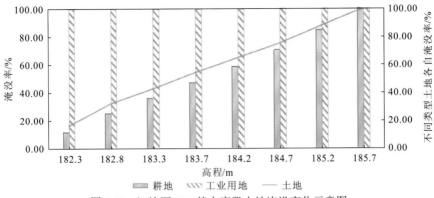

图 8.22　江津区 131 基本库段土地淹没变化示意图

　　该库段的土地发生淹没，被淹没的土地类型主要为耕地、工业用地。随着水位的不断升高，被淹没的耕地面积逐渐变大，基本上呈现线性变化趋势；由于库段的工业用地所处高程较低，在 182.3 m 高程时淹没率便达到 100%。整体而言，江津区 131 基本库段的敏感程度较高。

参考文献

白玉川, 万艳春, 黄本胜, 等, 2000. 河网非恒定流数值模拟的研究进展[J]. 水利学报(12): 43-47.

鲍正风, 李长春, 王祥, 2016. 长江上游流域水文条件变化下的三峡水库综合运用[J]. 水利水电技术, 47(4): 98-103.

郭家力, 郭生练, 李天元, 等, 2012. 三峡水库提前蓄水防洪风险分析模型及其应用[J]. 水力发电学报, 31(4): 16-21.

黄仁勇, 黄悦, 2009. 三峡水库干支流河道一维非恒定水沙数学模型初步研究[J]. 长江科学院院报, 26(2): 9-13.

黄仁勇, 王敏, 张细兵, 等, 2018. 三峡水库区间入流过程计算[J]. 长江科学院院报, 35(6): 67-69, 80.

黄艳, 李昌文, 李安强, 等, 2020. 超标准洪水应急避险决策支持技术研究[J]. 水利学报, 51(7): 805-815.

纪国良, 周曼, 王海, 2019. 一种大型河网洪水演进快速计算方法[J]. 水电能源科学, 37(5): 38-41, 184.

金兴平, 许全喜, 2018. 长江上游水库群联合调度中的泥沙问题[J]. 人民长江, 49(2): 1-8.

荆柱, 2021. 特大洪水条件下三峡水库及上游梯级水库群防洪策略研究[D]. 北京: 华北电力大学.

李晓昭, 2018. 基于 MIKE11 的三峡库区洪水波传播规律研究[D]. 武汉: 华中科技大学.

李肖男, 傅巧萍, 张松, 等, 2022. 三峡水库汛期运行水位运用方式研究[J]. 人民长江, 53(2): 21-26, 40.

李雨, 郭生练, 郭海晋, 等, 2013. 三峡水库提前蓄水的防洪风险与效益分析[J]. 长江科学院院报, 30(1): 8-14.

刘丹雅, 纪国强, 2009. 三峡工程防洪规划与综合利用调度技术研究[J]. 水力发电学报, 28(6): 19-25, 42.

刘丹雅, 纪国强, 安有贵, 2011. 三峡水库综合利用调度关键技术研究与实践[J]. 中国工程科学, 13(7): 66-69, 84.

刘涛, 周曼, 胡挺, 等, 2021. 基于分段 LassoLarsCV 算法的水位预测研究: 以三峡库区长寿站为例[J]. 人民长江, 52(5): 60-65.

卢程伟, 周建中, 胡德超, 等, 2018. 三峡库区枝状河网水动力过程实时模拟[J]. 长江科学院院报, 35(5): 153-156.

闵要武, 王俊, 陈力, 2011. 三峡水库入库流量计算及调洪演算方法探讨[J]. 人民长江, 42(6): 49-52.

闵要武, 杨雁飞, 张俊, 等, 2021. 影响寸滩水位流量关系的水力因素探讨[J]. 水利水电快报, 42(1): 17-21.

齐美苗, 蒋建东, 2012. 三峡工程移民安置规划总结[J]. 人民长江, 44(2): 16-20.

钱圣, 2015. 三峡库区长江干流河道阻力变化研究[D]. 武汉: 长江科学院.

石伯勋, 尹忠武, 王迪友, 2011. 三峡工程移民安置规划与实践[J]. 中国工程科学, 13(7): 123-128, 136.

童思陈, 唐小娅, 辛鑫, 2017. 三峡水库运行初期库区糙率特性分析[J]. 水电能源科学, 35(7): 33-36.

王佰伟, 田富强, 桑国庆, 2011a. HEC-RAS 洪水演进模型的应用[J]. 南水北调与水利科技, 9(3): 24-27.

王佰伟, 田富强, 胡和平, 2011b. 三峡区间入流对三峡库区洪峰的影响分析[J]. 中国科学: 技术科学, 41(7): 981-991.

王炎, 2016. 三峡水库动库容近似计算方法研究[D]. 重庆: 重庆交通大学.

吴天蛟, 2014. 三峡区间入流对库区洪水影响研究[D]. 北京: 清华大学.

吴昱, 2017. 三峡水库的动防洪库容及防洪调度研究[D]. 北京: 华北电力大学.

肖扬帆, 周曼, 胡挺, 等, 2022. 基于 MIKE11 的三峡库区洪水演进模拟及洪水传播规律研究[J]. 水电能源
    科学, 40(10): 74-77, 194.

尹忠武, 袁永源, 2003. 长江三峡工程移民规划设计[J]. 人民长江, 34(8): 49-52, 66.

袁玉, 鲁军, 胡挺, 等, 2022. 三峡水库典型运用过程库区水面线变化特点研究[J]. 水利水电快报, 43(7):
    89-94.

张俊, 闵要武, 陈新国, 2011. 三峡水库动库容特性分析[J]. 人民长江, 42(6): 90-93.

郑守仁, 2015. 三峡水库实施中小洪水调度风险分析及对策探讨[J]. 人民长江, 46(5): 7-12.

仲志余, 2003. 长江三峡工程防洪规划与防洪作用[J]. 人民长江, 34(8): 37-39, 65.

仲志余, 李文俊, 安有贵, 2010. 三峡水库动库容研究及防洪能力分析[J]. 水电能源科学, 28(3): 36-38.

仲志余, 宁磊, 2006. 三峡工程建成后长江中下游防洪形势及对策[J]. 人民长江, 37(9): 8-9, 23, 111.

周曼, 徐涛, 2014. 三峡水利枢纽多目标优化调度及其综合效益分析[J]. 水力发电学报, 33(3): 55-60.

邹强, 胡向阳, 周曼, 2018. 三峡水库洪水资源利用 II: 风险分析和对策措施[J]. 人民长江, 49(4): 11-16, 22.